单片机系统设计、仿真与开发技术

王春阳　主编

任敏　王燕　副主编

国防工业出版社

·北京·

内容简介

本书从工程应用的角度详细介绍了单片机在开发应用系统的具体应用，分为设计篇、仿真篇、开发篇三大部分。即设计篇介绍了单片机最小系统的设计、单片机前道电路的设计、单片机人机交换界面电路设计、单片机后道电路的设计等内容。仿真篇介绍了基于伟福仿真器的单片机硬件仿真、基于Keil单片机软件仿真、基于PROTEUS单片机软件仿真。开发篇介绍了系统开发以及10个典型开发案例。

本书是作者多年教学和实际工作经验的总结和积累，书中所引实例都经过充分的仿真验证和实际应用，读者在学习时很容易掌握。本书的特色是从工程应用的眼光来看待单片机在系统中的应用，不拘泥用复杂的菜单和语言指令来困扰学生；内容选取和编排上充分体现“课堂结构模块化、教学手段一体化、组织教学项目化、培养能力综合化”特点。

本书结构清晰、语言通俗易懂，可作为高等职业技术院校、技工院校、广播电视大学电路设计与仿真类课程的教材及电子技术和单片机教学课程设计与实验教材，也可作为广大电子爱好者以及单片机系统开发者的自学用书。

图书在版编目(CIP)数据

单片机系统设计、仿真与开发技术/王春阳主编. —北京：国防工业出版社，2012.5
ISBN 978-7-118-08018-6

Ⅰ.①单... Ⅱ.①王... Ⅲ.①单片微型计算机－系统设计②单片微型计算机－系统仿真 Ⅳ.①TP368.1

中国版本图书馆CIP数据核字(2012)第082965号

※

国防工业出版社出版发行
(北京市海淀区紫竹院南路23号 邮政编码100048)
北京奥鑫印刷厂印刷
新华书店经售

*

开本 787×1092 1/16 **印张** 11 **字数** 246千字
2012年5月第1版第1次印刷 **印数** 1—4000册 **定价** 25.00元

国防书店：(010)88540777　　发行邮购：(010)88540776
发行传真：(010)88540755　　发行业务：(010)88540717

前　言

单片机控制技术作为一项新型的工程应用技术在自动控制领域有着十分广泛的应用,如大到汽车、航空、通信、工业自动化设备生产等领域,小到许多电子产品之中,如鼠标、遥控器、洗衣机、空调等。并随着单片机结构发展与开发手段的完善,单片机系统会向更广领域、更高层次、更大规模方向发展。

单片机控制技术发展与应用至今,它不再只是少数工程技术人员的"专利"了,它应成为广大自动控制领域中从业人员的必备知识和技能。因此,从提升从业人员岗位职业能力和工程应用角度来看,在高等职业技术院校、技工院校,电子爱好者以及企业单片机系统开发者中培养高素质、高技能的单片机应用系统设计开发人才是一项刻不容缓的事情。

单片机应用系统设计与开发并不是用传统的外围电子元器件与微处理器的简单结合,而是一种通过综合考虑后的重新设计,体现了前道信号采集电路、后道执行电路、人机交换界面与微处理器一体化系统设计开发的思想。要进行不同领域的单片机系统的设计开发与实践,仅有单片机方面的基础知识,如结构和指令是不够的。设计开发者除需掌握单片机及检测、控制通道硬件组成的结构特点以及针对具体应用对象特点的软件设计方法外,还需熟悉硬件接口电路、传感器和执行机构的具体应用特点以及掌握先进的开发和仿真工具等。

参与编写本书的作者都是多年工作在职业教育、科研、生产技术开发的一线人员,本书从工程应用的眼光来看待单片机在系统中的应用,不拘泥用复杂的菜单和语言指令来困扰学生,对于单片机的结构、基本原理与指令不作详细介绍。在内容选择上努力做到够用、实用、新颖。

全书分为设计篇、仿真篇、开发篇三大部分。设计篇介绍了单片机最小系统的设计、单片机前道电路的设计、单片机人机交换界面电路设计、单片机后道电路的设计等内容。仿真篇介绍了基于伟福仿真器的单片机硬件仿真、基于 Keil 单片机软件仿真、基于 PROTEUS 单片机软件仿真等内容。开发篇介绍了系统开发以及 10 个典型开发案例。

本书结构清晰、语言通俗易懂,可作为高等职业技术院校、技工院校、广播电视大学电路设计与仿真类课程的教材及电子技术和单片机教学课程设计与实验教材,也可作为广大电子爱好者以及单片机系统开发者的自学用书。

本书由王春阳、任敏、王燕编写，王春阳任主编并统稿。

由于单片机应用系统设计开发技术知识面广，而作者水平有限，错误之处在所难免，望读者不吝赐教。

编者

2012年

目　录

【设计篇】

【仿真篇】

【开 发 篇】

设 计 篇

第 1 章　基于单片机最小系统的设计

1.1 电　源

单片机系统电源设计是单片机应用系统设计中的一项重要工作，电源的精度和可靠性等各项指标，直接影响系统的整体性能。

单片机系统的数字和模拟两部分电路对电源的要求有所不同。

(1) 数字部分：以脉冲方式工作，电源功率的脉冲性较为突出，如发光二极管(LED)显示器的动态扫描会引起电源脉动。因此，为数字部分供电要考虑有足够的余量，大系统按实际功率消耗的 1.5 倍～2 倍设计，小系统按实际功率消耗的 2 倍～3 倍设计。此外，有时还需要多路电源或直流/直流(DC/DC)供电。

(2) 模拟部分：对电源的要求不同于数字部分，模拟放大电路和模似/数字(A/D)电路对电源电压的精度、稳定性和纹波系数要求很高，如果供电电压的纹波较大，回路中存在脉冲干扰，将直接影响放大后信号的质量和 A/D 转换精度。一些模拟电路的偏置电压和基准电压也需要有很高的精度和稳定性。

有些场合需要隔离电源，将信号传输通路完全隔离，以提高系统的安全性和抗干扰性能。例如，光电耦合器输入输出电路的供电，模拟信号隔离放大器输入输出电路的电源。

如果模拟和数字部分使用同一个电源，会使数字部分产生的高频有害噪声耦合到模拟部分。因此，在模拟电路和数字电路混合的单片机系统中，需要注意考虑两种电路独立供电。

1.1.1　线性稳压供电电源

线性稳压电源是指调整管工作在线性状态下的直流稳压电源。线性稳压电源是较早使用的一类直流稳压电源。线性稳压电源由调整管、参考电压、取样电路、误差放大电路等几个基本部分组成，有些还包含保护电路、启动电路等部分。

图 1-1 是一个比较简单的线性稳压电源原理图(图 1-1 中省略了滤波电容等元件)，取样电阻通过取样输出电压，并与参考电压比较，比较结果由误差放大电路放大后，控制调整管的导通程度，使输出电压保持稳定。优点是反应速度快，输出纹波较小，工作产生的噪声低；缺点是输出电压比输入电压低，效率较低，负载大时发热量大，间接地给系统增加热噪声。

常用的线性集成稳压器大致可以分为 3 类：三端固定输出集成稳压器、三端可调集成稳压器和低压差线性集成稳压器。

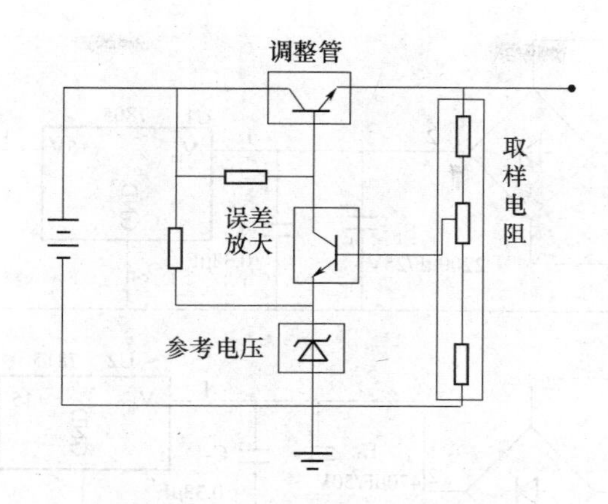

图 1-1　线性稳压电源原理图

1. 三端固定输出集成稳压器

三端固定输出集成稳压器是一种串联调整式稳压器，它将调整、输出和反馈取样等电路集成在一起形成单一元件，只有输入、输出和公共接地 3 个引出端，通过外接少量元器件即可实现稳压，使用非常方便，故称为三端固定输出集成稳压器。典型产品有 78xx 正电压输出系列和 79xx 负电压输出系列。其封装及外形如图 1-2 所示。正负输出型的引脚排列不同。78xx 系列为 1 脚输入，2 脚接地，3 脚输出；79xx 系列为 1 脚接地，2 脚输入，3 脚输出。

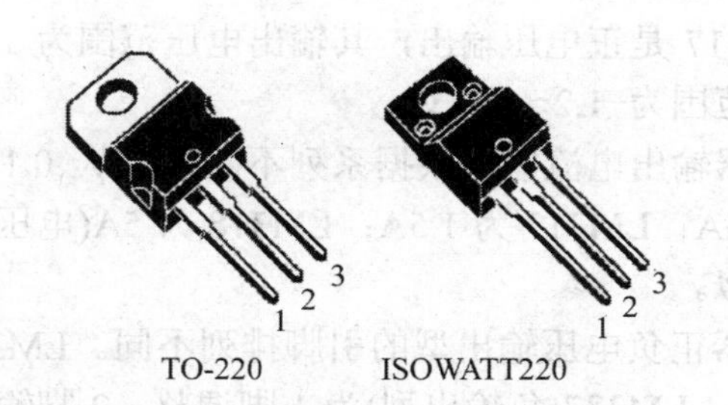

图 1-2　78xx 和 79xx 电压输出系列封装及外形图

输出电压有 5、6、9、12、15、18 V 和 24 V 等多种，如 7805、7905、7815 和 7915 等。

78xx(79xx)系列的输出电流为 1 A；78Mxx(79Mxx)系列输出电流为 0.5A；78Lxx(79Lxx)系列输出电流为 0.1A。

78xx(79xx)系列属于线性稳压器，要求输入电压比输出电压高出 2V～3V，否则就不能正常工作。

78xx(79xx)系列稳压器的优点是使用方便，不需作任何调整，外围电路简单，工作安全可靠，适合制作通用型、标称输出的稳压电源。其缺点是输出电压不能调整，不能直接输出非标称值电压，与一些精密稳压电源相比，其电压稳定度还不够高。

图 1-3 所示为采用三端稳压器设计的单片机系统电源电路，可以提供+5V 的数字电路电源和±15V 的模拟电路电源，注意二者的“地”电位不同，在印制电路板(PCB)电路设计中应遵循单点接地的原则。

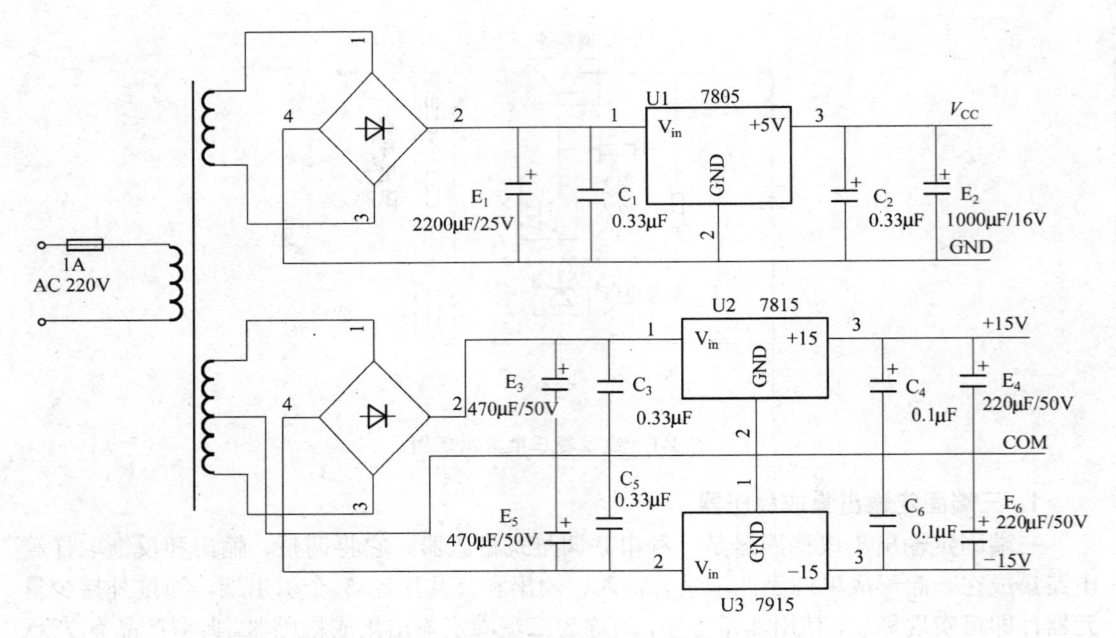

图 1-3 采用三端稳压器设计的单片机系统电源电路

2. 三端可调集成稳压器

78xx(79xx)系列是固定电压输出型，还有一类三端可调集成稳压器是输出可调型，如LM317 和 LM337。LM317 是正电压输出，其输出电压范围为 1.2V～37V；LM337 是负电压输出，其输出电压范围为-1.2～-37V。

三端可调集成稳压器输出电流能力根据系列不同可以从 0.1A～5A。例如：LM317L为 0.1A；LM317H 为 0.5A；LM317 为 1.5A；LM318 为 5A(电压为 1.2V～32V)。

负电压系列与此类似。

三端可调集成稳压器正负电压输出型的引脚排列不同。LM317(正输出型)为 1 脚调整，2 脚输出，3 脚输入；LM337(负输出型)为 1 脚调整，2 脚输入，3 脚输出。

三端可调集成稳压器的外形(TO-220)和应用电路如图 1-4 所示。图 1-4 中的滤波电容最好采用钽电容，如果采用电解电容可选 10μF～1000μF。

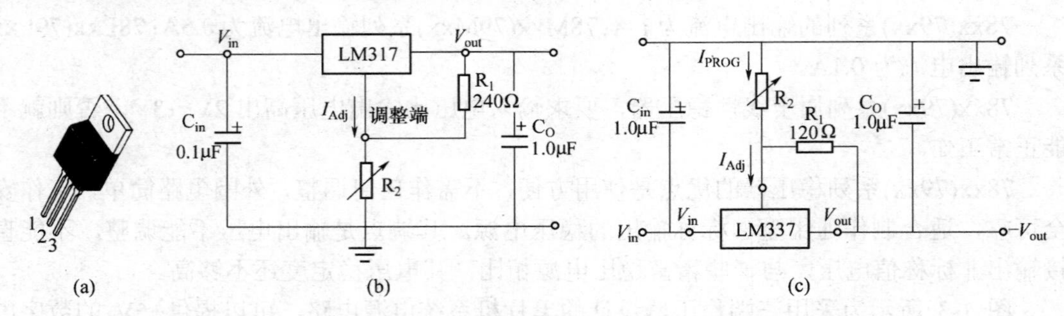

图 1-4 三端可调集成稳压器的外形(TO-220)和应用电路

(a) 外形；(b) LM317 应用电路；(c) LM337 应用电路。

该电路的输出电压与输入电压的关系为

$$V_{\text{out}} = \pm 1.25\left(1 + \frac{R_2}{R_1}\right) + I_{\text{Adj}} R_2$$

3. 低压差线性稳压器

三端集成稳压器输入/输出电压差在 2V～3V，有的要达到 4V 以上。

有时系统中的输入电压、转换效率、散热条件等难以满足压差要求，如电池供电系统利用 3.6V 产生 3V 的电压，压差只有 0.6V，且转换效率也要求很高，显然前述三端稳压器难以满足。

低压差线性稳压器(Low Dropout Regulator，LDO)在逐步取代传统的线性稳压器。

优点是输出噪声低，纹波系数小，电源电压影响小，负载变化时输出电压相应变化速度快；外部元件少(一般是输入/输出端各有 1 个～2 个电容器)；尺寸小；在输出电流较小时，LDO 的成本只有开关电源成本的几分之一。

缺点是效率相对较低，会随着输出电压的降低而降低。例如，某款 LDO 稳压器，在输入电压为 3.6V，输出电压为 3V 时效率为 83%，而当输出电压差低到 1.6V 时，效率降低为 43%。此外，LDO 只能用于降压场合。

LDO 的种类较多，如 LP3871 系列芯片是超低压差线性稳压器，输入范围为 2.5V～7V，输出电压规格有 5.0V、3.3V、2.5V 和 1.8V。在 0.8A 满载输出时压差为 0.24V，在输出电流为 80mA 时压差只有 24mV。具有关断和故障输出功能，关断后静态电流只有 10nA，便于系统内部电源管理。其封装和应用电路如图 1-5 所示。

$\overline{\text{SD}}$ 是关断引脚，不使用时需要接到 V_{in}。

$\overline{\text{ERR}}$ 引脚在输出电压低于正常值 10%时输出低电平。

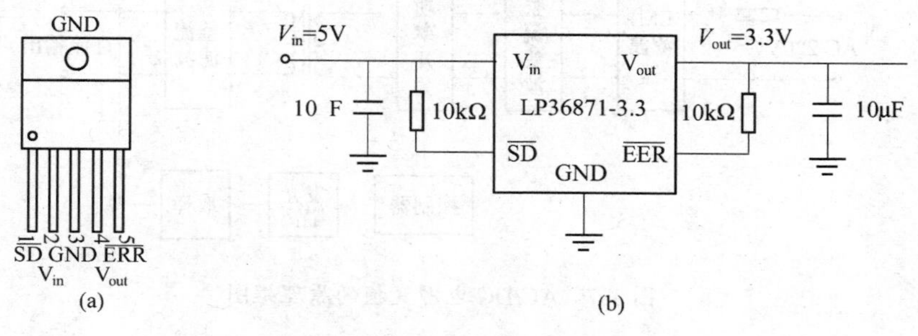

图 1-5　LDO 的外形(TO220-5)和应用电路

(a) TO220-5 封装外形；(b) 应用电路。

1.1.2　DC/DC 供电电源

(1) DC/DC 模块是直流/直流转换器，其功能是：将直流电源电压转换为与之相同或不同的若干个直流电源电压，以满足单片机系统对供电电源降压、升压及隔离的要求。

(2) 其工作原理是通过振荡电路和开关管把输入的直流电压转变为交流电压，通过变压器变压之后，再经过整流、滤波、稳压转换为直流电压输出，如图 1-6 所示。

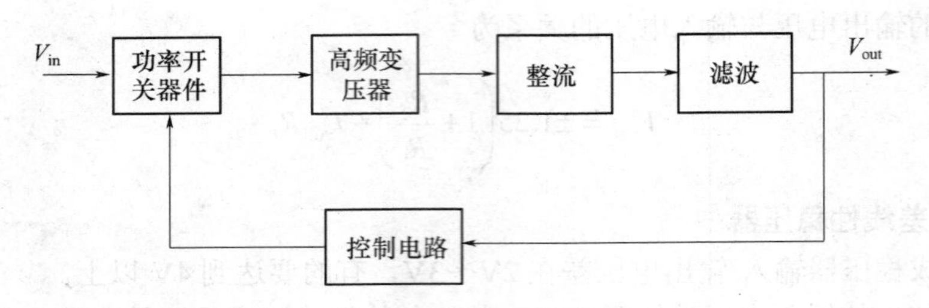

图 1-6　DC/DC 供电电源工作原理框图

(3) 在一些小功率电路中可不采用高频变压器，而直接对功率开关器件输出的脉冲电压信号进行滤波。

(4) 从输入输出的关系而言，DC/DC 转换器有降压、升压及隔离 3 种形式的电路。

1.1.3　AC/DC 供电技术

随着电子设备体积不断缩小和质量不断减轻，从而要求供电电源也要小型化。近年来国际上著名的芯片厂家竟相推出各类单片集成转换芯片，已成为国际上开发中、小功率开关电源及电源模块的优选集成芯片。

采用单片集成转换芯片构成AC/DC开关电源日益增多，广泛应用于办公自动化设备、仪器仪表、无线通信设备及消费类电子产品中。

采用这类芯片可以实现直接的 AC/DC 变换，具有效率高、成本低的特点。下面以安森美(On Semiconductor)公司推出的 NCP101X 芯片为例，介绍 AC/DC 电源供电技术。AC/DC 直接电源变换的原理框图如图 1-7 所示。

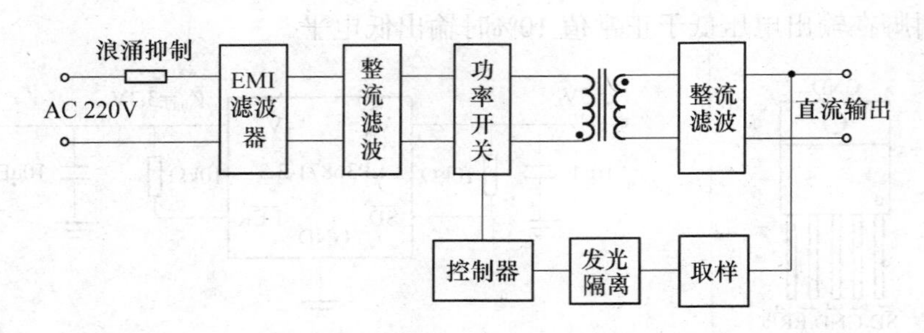

图 1-7　AC/DC 电源变换的原理框图

输入的交流 220 V 电压经过浪涌电压抑制和 EMI 滤波后，经过整流电路转换成高压直流电压，在控制器的控制下高压功率开关将直流电压变为高频脉冲电压信号，经过高频变压器并整流滤波稳压形成直流电压输出。当输入电压或外接负载变化时，取样电路检测到输出电压变化，经过反馈通道给控制器，经过脉宽调制(PWM)电路，再经过驱动电路控制功率开关管的占空比，从而达到稳定输出电压的目的。

1.1.4　基准电源的产生方法

单片机系统中的模拟放大和 A/D 转换等电路需要高精度、高稳定性的供电电源和参考电压源。基准电源是一种可以产生高精度、高稳定性电压的器件或电路，它产生的电压给特定部件作为参考电压使用。

基准电源使用广泛，其精度和可靠性直接决定着系统的精度和可靠性。常用的基准电源按基本组成可分为稳压管基准电压源电路和集成块基准电压源电路两大类。

1. 稳压管基准电压源电路

稳压管基准电压源电路如图 1-8 所示。其中 VD_z 是稳压管，R 是限流电阻，V_i 是输入直流电压。V_o 为输出电压，等于稳压管两端的电压 V_z，即为基准电压。

稳压管的电流调节作用是这种稳压电路能够稳压的关键，即利用稳压管端电压 V_z 的微小变化，引起电流 I_z 较大的变化，通过电阻 R 起着电压调节作用，保证输出电压基本恒定。

由于稳压管和负载电阻是并联的，故这种电路也叫并联式稳压电路。

2. 集成块基准电压源电路

常用的精密集成稳压电路有 TL431、MAX6035、ICL8069、AD584 等芯片。在这里只介绍 TL431 芯片。

(1) TL431 系列芯片是有良好的热稳定性能的三端可调分流基准源。它的输出电压用两个电阻就可以任意地设置或从 V_i(2.5 V)到 36V 范围内的任何值。

(2) TL431 的内部结构框图如图 1-9 所示。V_i 是一个内部的 2.5V 基准源，接在运放的反相输入端。由运放的特性可知，只有当 REF 端(同相端)的电压非常接近 V_i(2.5V)时，三极管中才会有一个稳定的非饱和电流通过，而且随着 REF 端电压的微小变化，通过三极管的电流将从 1mA～100mA 变化。

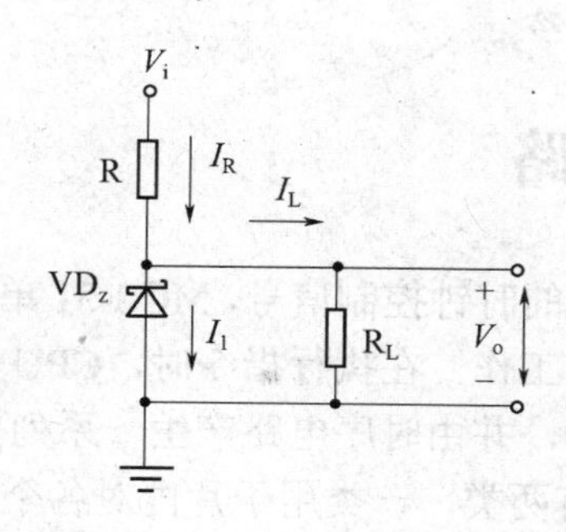

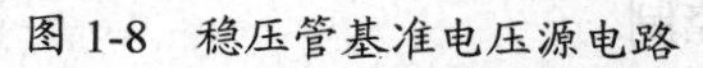

图 1-8 稳压管基准电压源电路

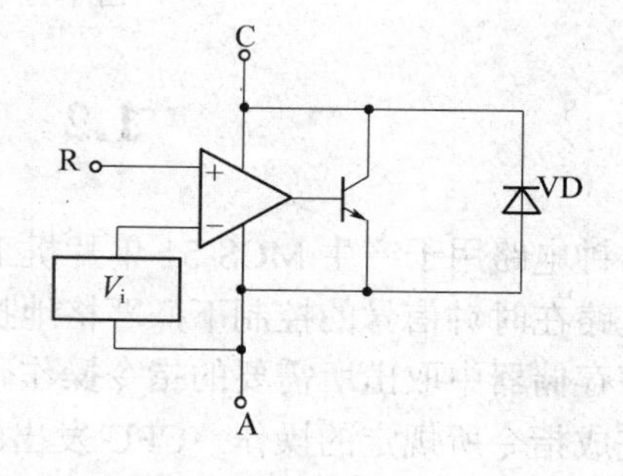

图 1-9 TL431 的内部结构框图

(3) 图 1-10 所示为 TL431 器件的符号及引脚图，3 个引脚分别为阴极 C(CATHODE)；阳极 A(ANODE)；参考端 R(REF)。

由 TL431 构成的 5V 稳压器的典型应用电路如图 1-11 所示。R_0 取 1.5kΩ，R_1、R_2 分别取 10kΩ，输入电压 V_i 为 12V～24V 时，输出电压均为 5V，因此，此种稳压器的精度很高。但是当在 C、A 端并接负载电阻时，电阻值应大于 2kW，否则不能正常输出。

图 1-12 是 TL431 应用电路。用 TL431 制成的高精度稳压直流电源的纹波很小，精度较高，可以给高精密仪器供电。

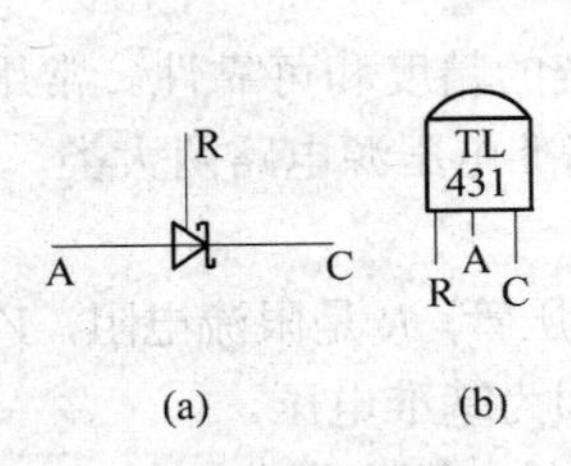

图 1-10　TL431 器件的符号及引脚图

(a) TL431 的等效图；(b) TL431 的引脚图

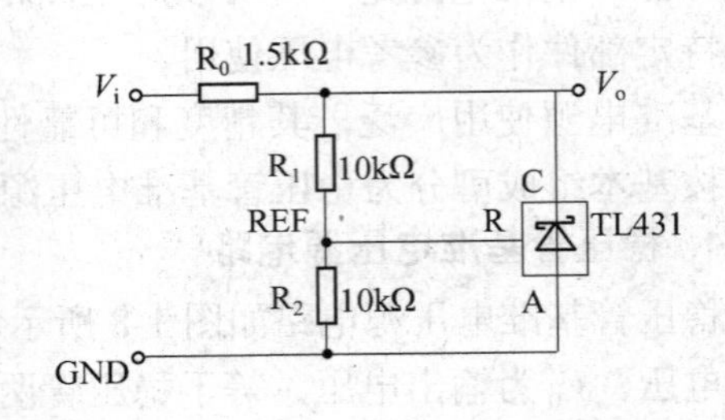

图 1-11　由 TL431 构成的 5V 稳压器的电路

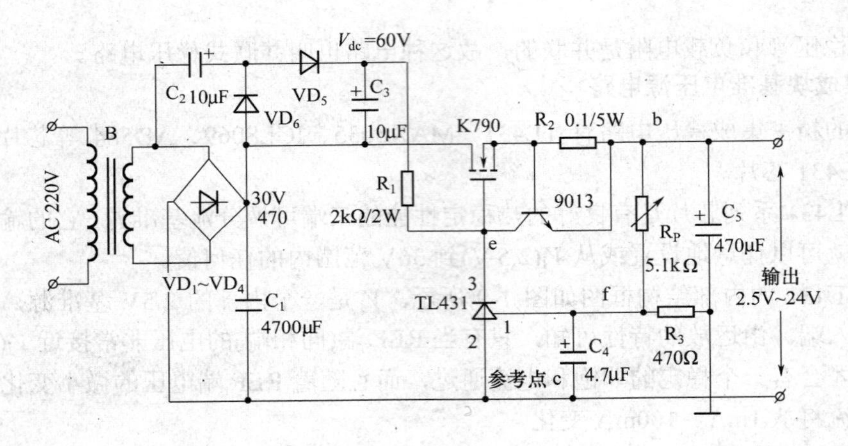

图 1-12　TL431 应用电路

1.2　时钟电路

时钟电路用于产生 MCS-51 单片机工作时所必须的时钟控制信号，MCS-51 单片机的内部电路在时钟信号的控制下，严格地执行指令进行工作，在执行指令时，CPU 首先要到程序存储器中取出所需要的指令操作码，然后译码，并由时序电路产生一系列控制信号去完成指令所规定的操作。CPU 发出的时序信号有两类，一类用于片内对各个功能部件的控制；另一类用于对片外存储器或 I/O 端口的控制。

MCS-51 单片机各功能部件的运行都是以时钟信号为基准，有条不紊地一拍一拍地工作，因此时钟频率直接影响单片机的速度，时钟电路的质量也直接影响单片机系统的稳定性。常用的时钟设计电路有两种方式，一种是内部时钟接法，一种是外部时钟接法。

1.2.1　外部时钟接法

外部时钟方式是使用外部振荡器产生的脉冲信号，常用于多片单片机同时工作，以便于多片单片机之间的同步，一般为低于 12 MHz 的方波，常见的 89C51 单片机的外部时钟方式接法如图 1-13 所示：外部的时钟源直接连接到 XTAL1 端，XTAL2 端悬空。

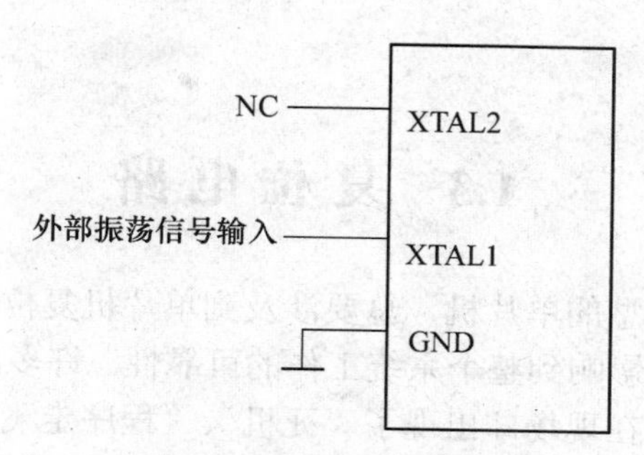

图 1-13 外部时钟接法

1.2.2 内部时钟接法

MCS-51 单片机内部由一个用于构成振荡器的高增益反相放大器，该高增益反相放大器的输入端为 51 单片机的引脚 XTAL1，输出为 XTAL2。这两个引脚跨接石英晶体振荡器和微调电容，就构成了一个稳定的自激振荡器。内部时钟接法如图 1-14 所示。

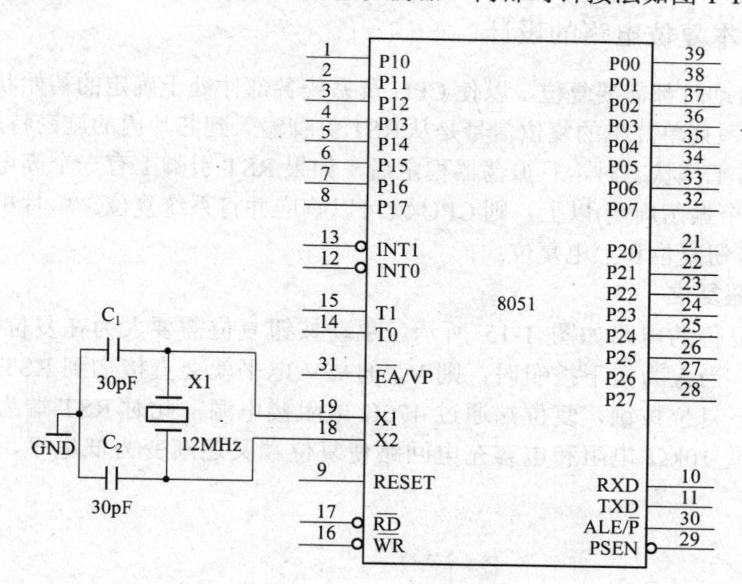

图 1-14 内部时钟接法

电路中的电容 C_1 和 C_2 的典型值通常取为 30pF 左右，对外接电容的值虽然没有严格的要求，但是电容的大小会影响石英晶体振荡器频率的高低，振荡器的稳定性和起振的快速性。晶振的振荡器的频率范围通常为 1.2 MHz～12 MHz，晶振的频率越高，则系统的时钟频率也就越高，单片机的运行速度也就越快，晶振和电容应该尽可能安装得与单片机芯片靠近，以减少寄生电容，更好地保证振荡器稳定、可靠地工作，为了提高温度稳定性，应该采用温度稳定性能好的电容。

MCS-51 单片机常选择振荡器的频率为 6 MHz 或是 12 MHz 的石英晶体。随着集成电路制造工艺的发展，单片机的时钟频率也在逐步提高，现在某些高速单片机芯片的时钟频率已达 40 MHz。

1.3 复位电路

无论用户使用哪种类型的单片机，总要涉及到单片机复位电路的设计。而单片机复位电路设计的好坏，直接影响到整个系统工作的可靠性。许多用户在设计完单片机系统，并在实验室调试成功后，在现场却出现了“死机”、“程序走飞”等现象，这主要是单片机的复位电路设计不可靠引起的。

复位电路的复位时间：

(1) 为可靠起见电源稳定后还要经一定的延时才撤销复位信号以防电源开关或电源插头分—合过程中引起的抖动。

(2) 不同单片机对复位的时间有不同的要求，具体看相应单片机公司提供的资料。51单片机要求复位持续时间在 24 个振荡周期以上。

1.3.1 基本复位电路的设计

单片机在启动时都需要复位，以使 CPU 及系统各部件处于确定的初始状态，并从初态开始工作。89 系列单片机的复位信号是从 RST 引脚输入到芯片内的施密特触发器中的。当系统处于正常工作状态时，且振荡器稳定后，如果 RST 引脚上有一个高电平并维持两个机器周期(24 个振荡周期)以上，则 CPU 就可以响应并将系统复位。单片机系统的复位方式有：手动按钮复位和上电复位。

1. 手动按钮复位

手动按钮复位的电路如图 1-15 所示。手动按钮复位需要人为在复位输入端 RST 上加入高电平，当人为按下按钮时，则 V_{cc} 的+5V 电平就会直接加到 RST 端。系统工程过程中，按下复位按键，复位端通过 470Ω 电阻接电源，此时 RST 端为高电平；按键释放后，通过 10kΩ 电阻和电容充电回路使复位端又逐渐变为低电平，从而实现了按键复位。

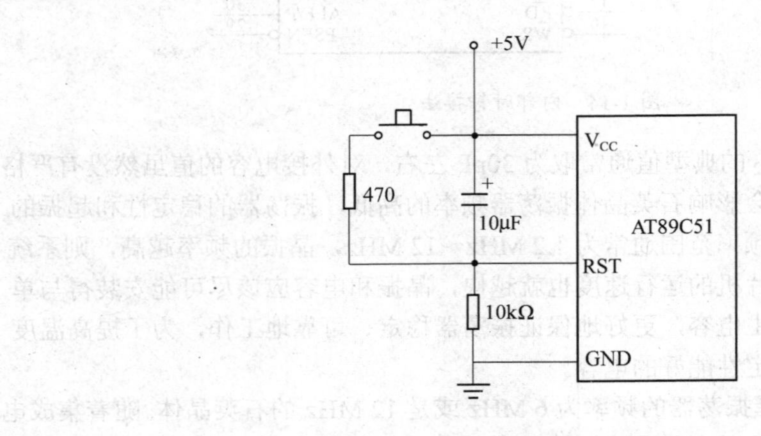

图 1-15 手动按钮复位电路

2. 上电复位

AT89C51 的上电复位电路如图 1-16 所示，只要在 RST 复位输入引脚上接一电容至 V_{CC} 端，下接一个电阻到地即可。上电复位的工作过程：在电路接通的瞬间，由于电容两端的电压不能突变，所以此时复位端 RST 端的电压为 V_{CC}，随着充电过程的进行，电容两端的电压逐渐上升，RST 端的电压逐渐下降为低电平，从而实现了上电复位，即 RST 端的高电平持续时间取决于电容的充电时间。为了保证系统能够可靠地复位，RST 端的高电平信号必须维持足够长的时间。上电时，V_{CC} 的上升时间约为 10ms，而振荡器的起振时间取决于振荡频率，如晶振频率为 10MHz，起振时间为 1ms；晶振频率为 1MHz，起振时间则为 10ms。当 V_{CC} 掉电时，必然会使 RST 端电压迅速下降到 0V 以下，但是，由于内部电路的限制作用，这个负电压将不会对器件产生损害。另外，在复位期间，端口引脚处于随机状态，复位后，系统将端口置为全“1”态。如果系统在上电时得不到有效的复位，则程序计数器 PC 将得不到一个合适的初值，因此，CPU 可能会从一个未被定义的位置开始执行程序。

3. 积分型上电复位

常用的上电或开关复位电路如图 1-17 所示。上电后，由于电容 C_1 的充电和反相门的作用，使 RST 持续一段时间的高电平。当单片机已在运行当中时，按下复位按键后松开，也能使 RST 为一段时间的高电平，从而实现上电或开关复位的操作。

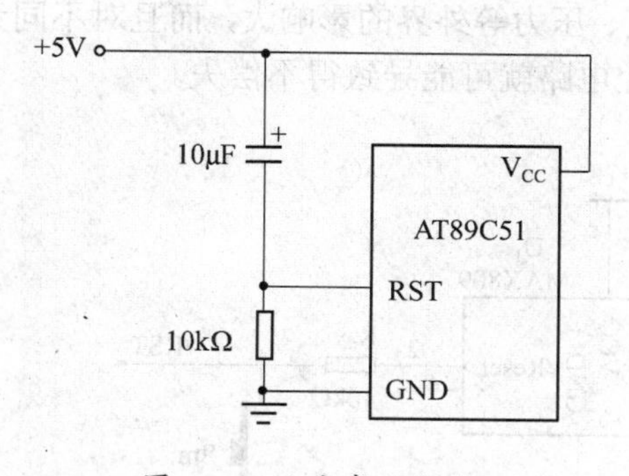

图 1-16　上电复位电路

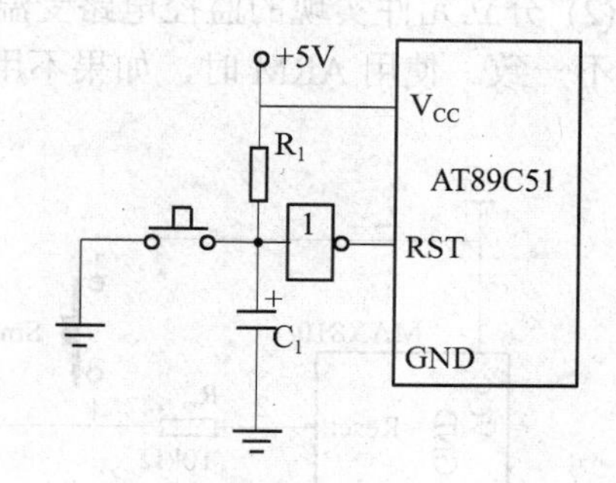

图 1-17　积分型上电复位电路

1.3.2　看门狗型复位电路的设计

看门狗型复位电路主要利用 CPU 正常工作时，定时复位计数器，使得计数器的值不超过某一值；当 CPU 不能正常工作时，由于计数器不能被复位，因此其计数会超过某一值，从而产生复位脉冲，使得 CPU 恢复正常工作状态。典型应用的看门狗型复位电路如图 1-18 所示。此复位电路的可靠性主要取决于软件设计，即将定时向复位电路发出脉冲的程序放在何处。一般设计，将此段程序放在定时器中断服务子程序中。然而，有时这种设计仍然会引起程序走飞或工作不正常。主要原因是因为当程序“走飞”发生时，定时器初始化以及开中断之后，这种“走飞”情况就有可能不能由看门狗型复位电路校正回来。因为定时器中断一旦产生，即使程序不正常，看门狗型复位电路也能被正常复位。为此提出定时器加预设的设计方法。即在初始化时压入堆栈一个地址，在此地址内执行的是一条关中断和一条死循环语句。在所有不被程序代码占用的地址尽可能地用子程序返回指令 RET 代替。这样，当程序走飞后，其进入陷阱的可能性将大大增加。而一旦进入陷阱，定时器停止工作并且关闭中断，从而使看门狗型复位电路会产生一个复位脉冲将 CPU 复位。当然这种技术用于实时性较强的控制或处理软件中有一定的困难。

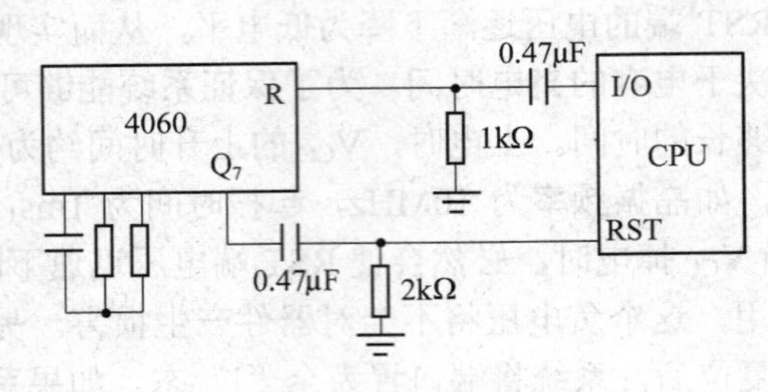

图 1-18 看门狗型复位电路

1.3.3 ARM 单片机的复位电路设计

(1) ARM 单片机的复位电路如图 1-19 所示，由于 ARM 高速、低功耗、低工作电压而导致其噪声容限低，这是对数字电路极限的挑战，对电源的纹波瞬态响应性能、时钟源的稳定度、电源监控可靠性等诸多方面也提出了更高的要求。

(2) 分立元件实现的监控电路受温度、湿度、压力等外界的影响大，而且对不同元件影响不一致。使用 ARM 时，如果不用专用监控电路就可能导致得不偿失。

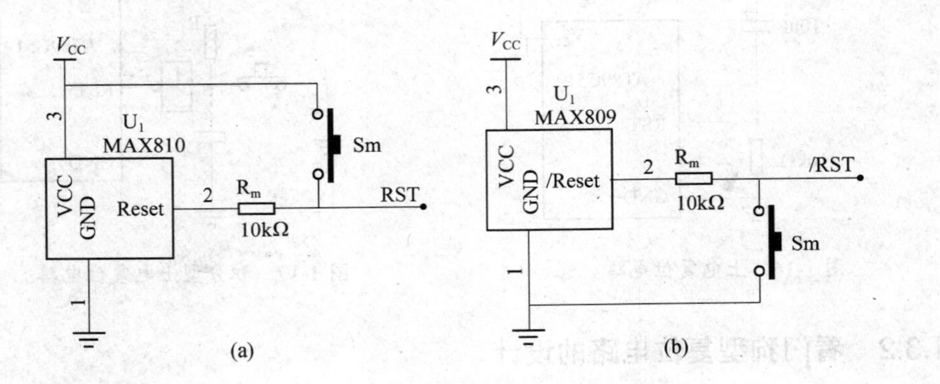

图 1-19 ARM 单片机的复位电路

1.4 输入/输出接口电路

1.4.1 输入/输出接口的作用

(1) 数据缓冲功能。

(2) 信号转换功能。

(3) 接受和执行 CPU 命令的功能。

1.4.2　端口功能

MCS-51 系列单片机有四组 8 位并行 I/O 口，记为 P0、P1、P2 和 P3。每组 I/O 口内部都有 8 位数据输入缓冲器、8 位数据输出锁存器及数据输出驱动等电路。

四组并行 I/O 端口即可以按字节操作，又可以按位操作。当系统没有扩展外部器件时，I/O 端口用作双向输入输出口；当系统作外部扩展时，使用 P0、P2 口作系统地址和数据总线、P3 口有第二功能，与 MCS-51 的内部功能器件配合使用。

1. P0 口

如图 1-20 所示为 P0 的位结构图，P0 口有两种用途。

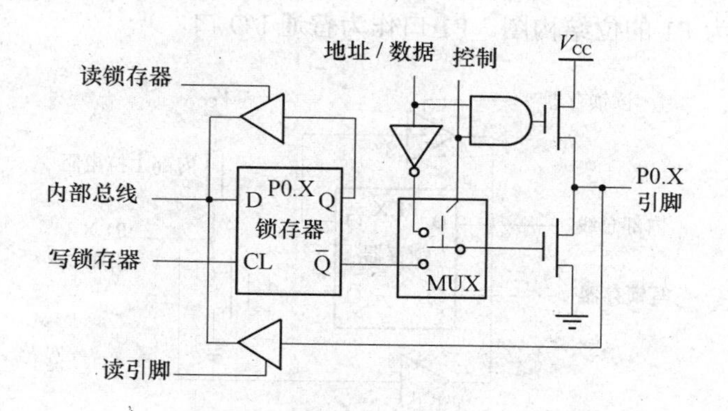

图 1-20　P0 的位结构图

1) 普通 I/O 端口

当单片机系统没有扩展外部芯片时，P0 口用作双向输入输出端口。这时图 1-20 中多路开关的控制信号为低电平，输出与锁存器的反向输出端相连，同时上面的场效应管由于与门输出为低电平而截止。

(1) 作输出时：输出 0 时，将 0 输出到内部总线上，在写锁存器信号控制下写入锁存器，锁存器的反向输出端输出 1，下面的场效应管导通，输出引脚成低电平。输出 1 时，下面的场效应管截止，上面的场效应管也是截止状态，输出引脚成高阻态，不是希望的 1 状态，这时，必须外加上拉电阻。

(2) 作输入时：P0 端口引脚信号通过一个输入三态缓冲器接入内部总线，在读引脚信号的控制下，引脚电平出现在内部总线上。为了能读到真实的引脚信号，下面的场效应管必须截止，即锁存器的内容必须是 1。为了能正确读取引脚信号，锁存器必须先写 1，因而 P0 口是一个准双向口。

在图 1-20 的左上方有一个三态缓冲器，是为了读取锁存器内容而设。如指令:P0 = P0 | 0XF0；将 P0 口的输出状态与 0XF0 按位或后再输出到 P0 口，这里读的数据是 P0 口锁存器的内容，运算结果又写入到 P0 口锁存器。

2) 地址/数据复用总线

当单片机系统进行存储器、I/O 口或其他功能扩展时，P0 口要用作系统总线。在 P0

口上分时输出目标地址的低 8 位和要交换的字节数据。

用作地址/数据复用总线时，多路开关的控制信号为 1，输出与上方的地址/数据线反向器的输出相连，由于控制信号为 1，上面的场效应管受地址/数据信号控制，与下面的场效应管成为推挽输出形态。外部不再需要上拉电阻，P0 口为真正的双向 I/O 口。

操作过程：假设要读外部程序存储器中 0x1245 单元的指令，首先从 P0 口输出 45H，P2 口输出 12H，控制器输出 $\overline{\text{ALE}}$ 地址锁存信号，再发出指令输出允许信号 $\overline{\text{PSEN}}$，外部程序存储器 0x1245 单元的内容出现在总线上，由 CPU 读入程序指令寄存器，译码执行。

2. P1 口

图 1-21 所示为 P1 的位结构图。P1 口作为普通 I/O 口。

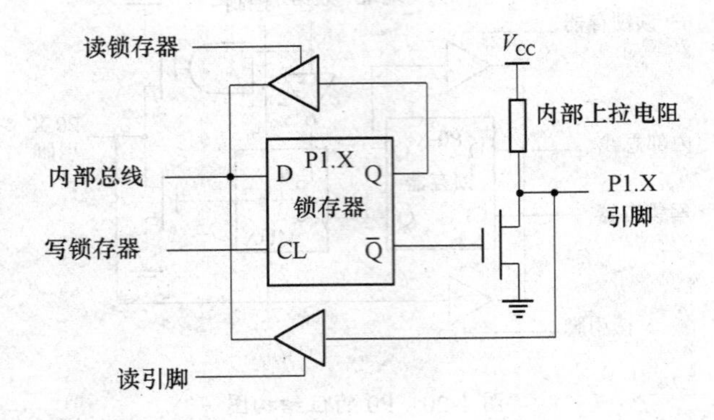

图 1-21　P1 的位结构图

3. P2 口

图 1-22 所示为 P2 的位结构图，P2 口有两种用途。

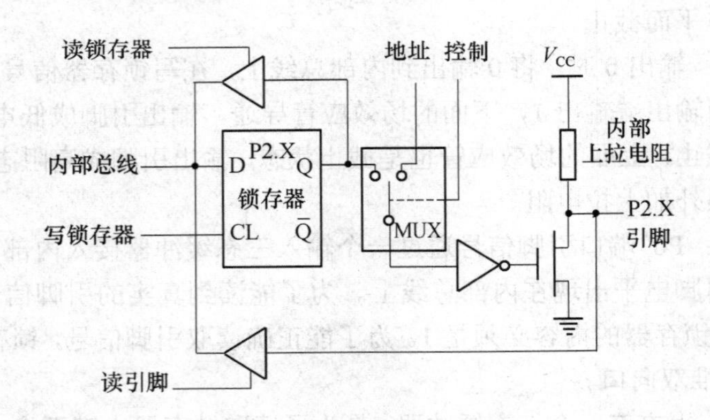

图 1-22　P2 的位结构图

1) 作普通 I/O 口

这时，控制信号将驱动场效应管的反向器的输入与 P2 口输出锁存器的 Q 端相连。当作输出时与 P0 口类似，但 P2 口内部有上拉电阻，不需外接。当输入使用时，输出锁存器也必须写 1。所以，P2 口也是一个准双向 I/O 口。

2) 作地址总线

当单片机系统进行存储器、I/O 口或其他功能扩展时，P2 口要用作地址总线，输出目标地址的高 8 位。这时控制信号将驱动场效应管的反向器的输入与地址线相连。

P2 口没有复用要求，所以外部不需地址锁存器。

注意：当使用 P2 口的某几位作地址线使用时，剩下的 P2 口线不能作 I/O 口线使用。

4. P3 口

图 1-23 所示为 P3 的位结构图，P3 口有两种用途。

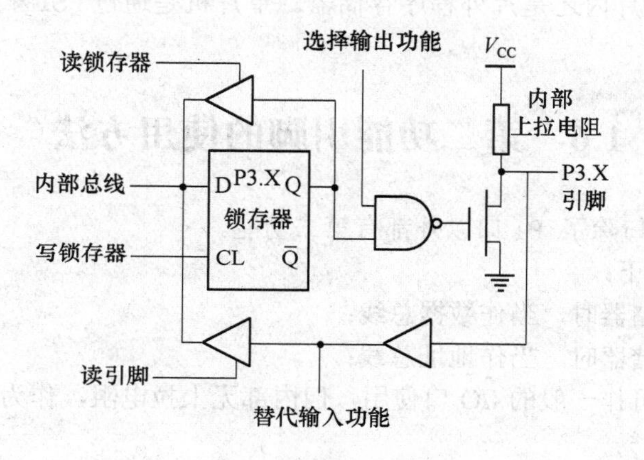

图 1-23　P3 的位结构图

1) 普通 I/O 口

作普通 I/O 口时，选择输出功能端为高电平，场效应管受输出锁存器的控制，是一个准双向 I/O 口。

2) 第二功能口

P3 口的每一位都具有第二功能，各引脚定义见表 1-1。P3 口的第二功能大多与其内部功能部件有关，$\overline{RD}$、$\overline{WR}$ 是外部数据存储器的写、读控制信号。

表 1-1　P3 口各引脚功能表

P3.7	P3.6	P3.5	P3.4	P3.3	P3.2	P3.1	P3.0
$\overline{RD}$	$\overline{WR}$	T1	T0	$\overline{INT1}$	$\overline{INT0}$	TXD	RXD

归纳 4 个并行口使用的注意事项如下：

(1) 如果单片机内部有程序存储器，不需要扩展外部存储器和 I/O 口，单片机的 4 个口均可作 I/O 口使用。

(2) 4 个口在作输入口使用时，均应先对其写“1”，以避免误读。

(3) P0 口作 I/O 口使用时应外接 10kΩ 的上拉电阻，其他口则可不必。

(4) P2 口的某几根线作地址线使用时，剩下的口线不能作 I/O 口线使用。

(5) P3 口的某些口线作第二功能时，剩下的口线可以单独作 I/O 口线使用。

1.5　片内、片外 ROM 选择设计

内 ROM 是 51 系列单片机自带的，外扩展 ROM 是 P0、P2 口扩展出来的 。51 系列单片机有一个引脚 EA，当 EA 接低电平的时候，则运行片外程序存储器；当 EA 接高电平的时候，则运行片内程序存储器，如果程序运行时指令地址超过了片内程序存储器地址范围(4KB)，也还会自动转到片外程序存储器空间的。另外要说明的是，用指令是无法控制单片机访问的是片内还是片外程序存储器。单片机是通过 PSEN 引脚控制访问片外程序存储器的。

1.6　第二功能引脚的使用方法

单片机 4 个 I/O 口除了 P1 口以外都有第二功能。

(1) P0 口功能如下：

① 外部扩展存储器时，当作数据总线；

② 外部扩展存储器时，当作地址总线；

③ 不扩展时，可作一般的 I/O 口使用，但内部无上拉电阻，作为输入或输出时应在外部接上拉电阻。

(2) P2 口第二功能：

① 外部扩展存储器时，作为高 8 位地址总线；

② 不扩展，作为一般的 I/O 口。

(3) P3 口除了作为通用 I/O 口，相应的各引脚还有第二功能：

① P3.0/RXD：串行口输入；

② P3.1/$\overline{\text{TXD}}$：串行口输出；

③ P3.2/$\overline{\text{INT0}}$：外部中断 0 输入；

④ P3.3/INT1：外部中断 1 输入；

⑤ P3.4/T0：定时/计数器 0 输入；

⑥ P3.5/T1：定时/计数器 1 输入；

⑦ P3.6/$\overline{\text{WR}}$：外部数据存储器写选通；

⑧ P3.7/$\overline{\text{AD}}$：外部数据存储器读选通。

第2章　单片机前道电路的设计

输入通道是单片机与测控对象相连的部分，是应用系统的数据采集。来自被控对象的现场信息按物理量的特征可分为模拟量和数字量两种。

2.1　数字量输入接口设计

2.1.1　光电耦合隔离器

光电耦合隔离器按其输出级不同可分为三极管型、单向晶闸管型、双向晶闸管型等几种，如图2-1所示。它们的原理是相同的，即都是通过将光信号转换成电信号，利用光信号的传送不受电磁场的干扰而完成隔离功能的。

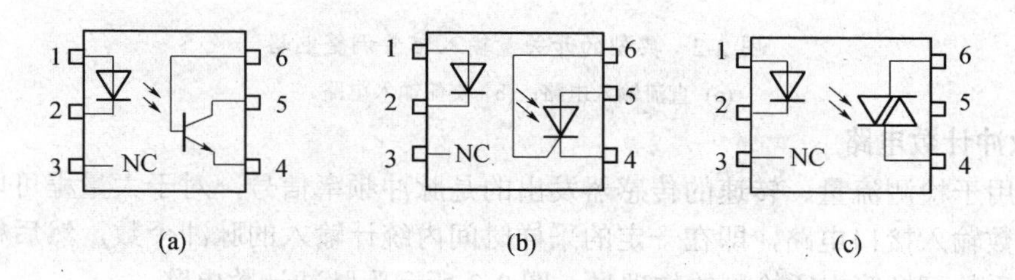

图2-1　光电耦合隔离器的分类

(a) 三极管型；(b) 单向可控硅型；(c) 双向可控硅型。

2.1.2　数字量输入通道

1. 开关输入电路

凡在电路中起到通、断作用的各种按钮、触点、开关，其端子引出均统称为开关信号。在开关输入电路中，要考虑以下问题：

(1) 电平转换：如把电流信号转换为电压信号。

(2) RC滤波：用RC滤波器滤出高频干扰。

(3) 过电压保护：用稳压管和限流电阻作过电压保护；用稳压管或压敏电阻把瞬态尖峰电压钳位在安全电平上。

(4) 反电压保护：串联一个二极管防止反极性电压输入。

(5) 光电隔离：用光耦隔离器实现计算机与外部的完全电隔离。

典型的开关量输入信号调整电路如图2-2所示。

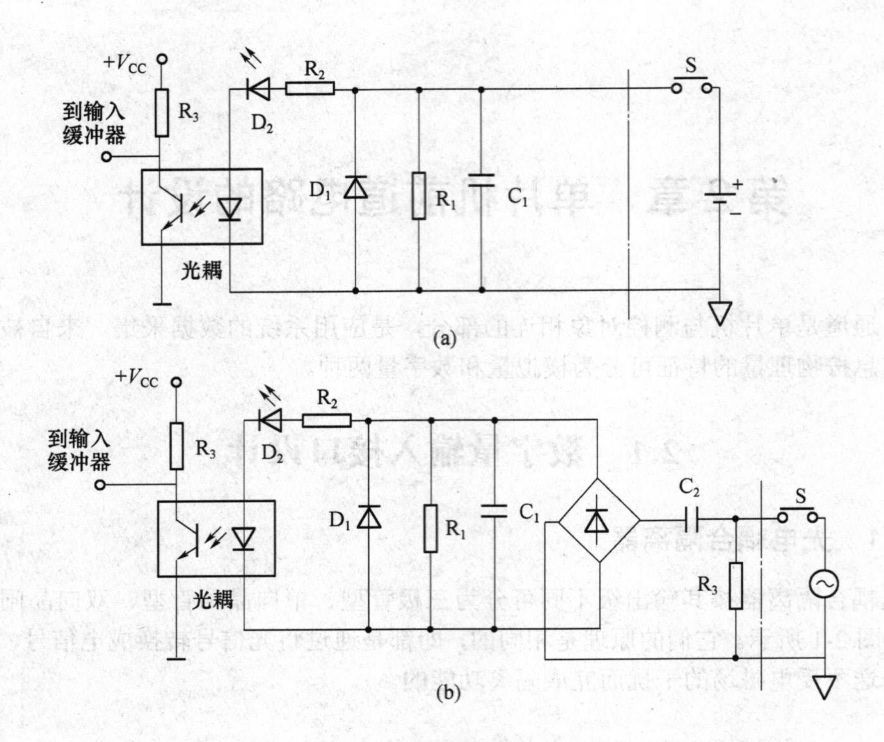

图 2-2　典型的开关量输入信号调整电路

(a) 直流输入电路；(b) 交流输入电路。

2. 脉冲计数电路

有些用于检测流量、转速的传感器发出的是脉冲频率信号，对于大量程可以设计一种定时计数输入接口电路，即在一定的采样时间内统计输入的脉冲个数，然后根据传感器的比例系数可换算出所检测的物理量。图 2-3 所示为脉冲计数电路。

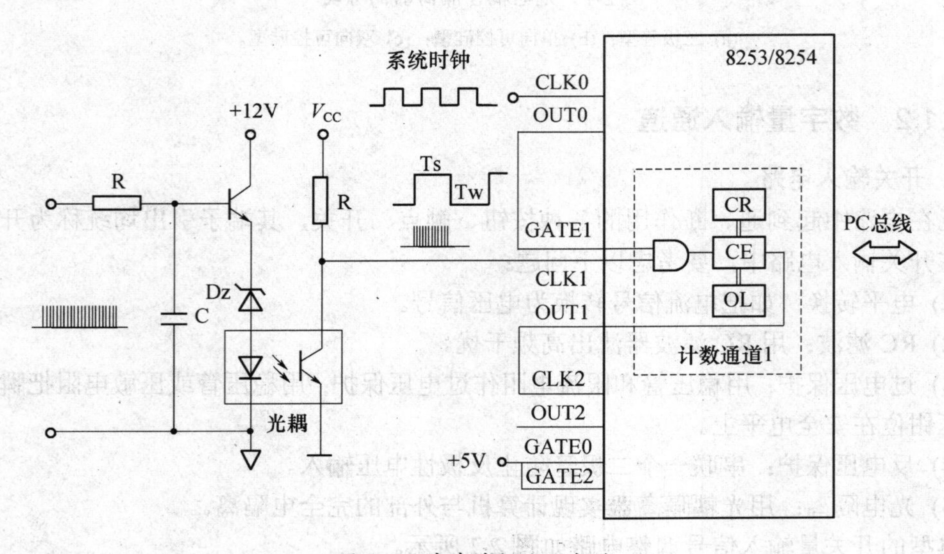

图 2-3　脉冲计数输入电路

2.2　模拟量输入接口技术

2.2.1　基本概念

1. 采样

采样是(数字)是数据采集，包含模拟信号量化过程。数字信号不仅在时间上是离散的，而且在数值上也是离散的。类似于从总体中抽样研究分布，故称采样。

以一定时间间隔对连续信号进行采样，使连续信号转换成时间上离散的脉冲序列，如图 2-4 所示。

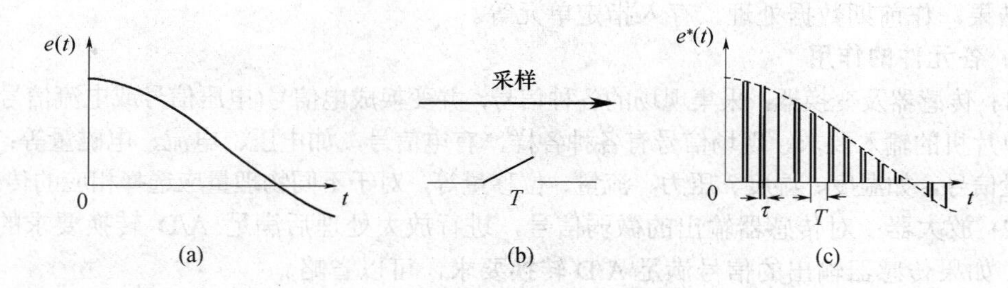

图 2-4　采样的示意图

(a) 连续信号；(b)采样器(采样开关)；(c) 离散信号。

2. 采样频率

为了不丢失被采样信号所携带的信息，实时采样的采样频率应满足采样定理(香农定理)的要求，当采样频率不满足采样定理时将产生信号混叠现象，使采样后波形中增加了额外的低频成分，造成失真，引起误差。

在工程上采样频率应取被采样信号所含最高频率的 K 倍，通常 $K \geqslant 10 \sim 20$。还应在 A/D 转换之前加入抗混叠模拟滤波器 AF，滤掉多余的高频分量。

香农定理：为使采样信号能够出现原连续信号，采样频率 ω_s 和连续信号 $e(t)$最高频率 ω_{max}之间的关系必须满足

$$\omega_s \geqslant 2\omega_{max} \text{ 或 } T \leqslant \pi/\omega_{max}$$

(推荐)工业过程变量采样周期：

(1) 流量不大于 0.5s；

(2) 压力不大于 1s；

(3) 液位不大于 2s；

(4) 温度不大于 5s。

3. 数据采集通道

数据采集通道由两部分组成：一是信号的滤波、放大、采样、保持、转换部分；二是单片机及其接口部分。数据采集通道的结构框图如图 2-5 所示。

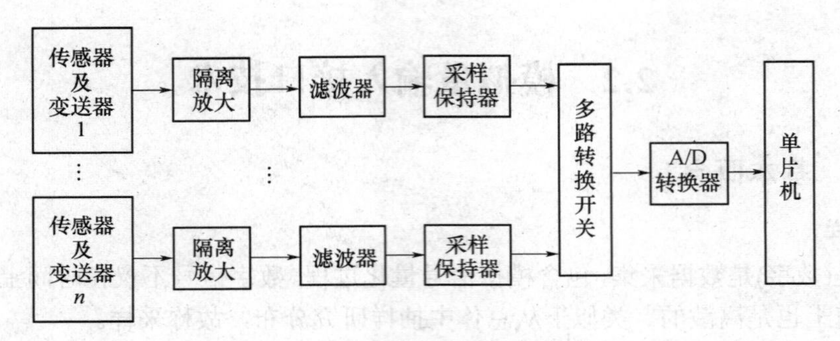

图 2-5　数据采集通道的结构框图

接口程序的任务：对接口初始化，确定采样通道、采样频率、中断方式，启动 A/D，读取结果，作前期数据处理，存入指定单元等。

4. 各元件的作用

(1) 传感器及变换器：采集现场的各种信号，并变换成电信号(电压信号或电流信号)，以满足单片机的输入要求。现场信号有各种各样，有电信号，如电压、电流、电磁量等；也有非电量信号，如温度、湿度、压力、流量、位移量等，对于不同物理量应选择相应的传感器。

(2) 放大器：对传感器输出的微弱信号，进行放大处理后满足 A/D 转换要求的输入信号。如果传感器输出的信号满足 A/D 转换要求，可以省略。

(3) 滤波器：减少来自各种工业现场的干扰信号。

(4) 采样保持器：在单片机的控制下，在某一个时刻采样模拟信号的值，并能保持该瞬时值，直到下一次重新采样，主要用于使用一个 A/D 转换器分时对多路模拟信号进行转换时，或对变化较快的信号。

(5) 多路转换开关：实现一个 A/D 转换器分时对多路模拟信号进行转换。如果是一个 A/D 转换器对应一个信号，可以省略。

(6) A/D 转换器：实现模拟信号向数字转换，量化。

2.2.2　常用的传感器(变换器)及选择

在单片机应用中，常用的测量参数有温度、压力、湿度、液位、速度、位移等。我们对常用的传感器作一详细的介绍。

1. 常用的温度传感器

(1) 热电偶温度传感器是以热电效应为基础的，将任意两种不同的导体 A-B 组成一个闭合回路，只要它们的两个接点 a、b 的温度不同，在回路里就会产生热电动势，如图 2-6 所示。

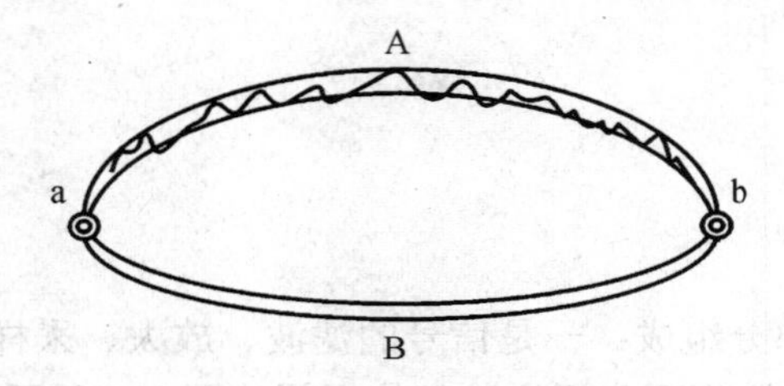

图 2-6　两种导体构成的热电偶

常用热电偶的代号、分度号及测量范围见表 2-1。

表 2-1　常用热电偶的代号、分度号及测量范围

名 称	代 号	分 度 号	测量范围/(℃)
铜—康铜	WRC	(T)CK	-200～+300
镍铬—考铜	WRK	(E)EA-2	0～800
镍铬—镍硅	WRN	(K)EU-2	0～1300
铂铑 $_{10}$—铂	WRP	(S)LB-3	0～1600
铂铑 $_{10}$—铂铑	WRR	(B)LB-2	0～1800

(2) 热电阻温度传感器如图 2-7 所示，它是利用铂电阻、铜电阻、热敏电阻的阻值随温度而变化的原理测量温度的，这一类传感器的适用范围为-200℃～+650℃，有较高的灵敏度。

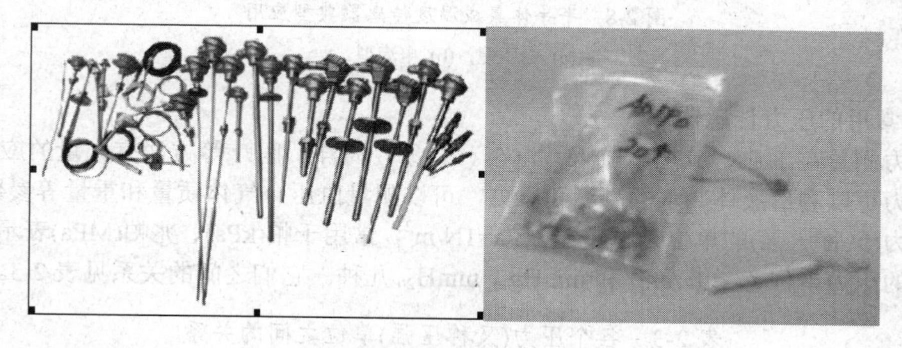

图 2-7　热电阻温度传感器

常用的铂电阻传感器有 Pt100，Pt100 是指 0℃时铂电阻的电阻值为 100Ω。常用于-50℃～+650℃范围。

常用的铜电阻传感器有 Cu100 和 Cu50 两种，是指 0℃时，铜电阻的电阻值为 100Ω 和 50Ω。常用于-50℃～+150℃范围。

热敏电阻是一种利用一些金属氧化物按比例混合烧结成的，电阻值随温度而变化的传感器；灵敏度高、体积小、反应快、使用寿命长。它适用的测量范围为-50℃～+300℃。

(3) 半导体集成温度传感器，该传感器的线性度好，使用方便，可以直接输出电压信号或电流信号，常用型号见表 2-2。

表 2-2　半导体集成温度传感器参数表

型 号	测量范围/℃	输 出 信 号	温 度 系 数
XC616A	+40～+125	电压型	10mV/℃
XC616C	-25～+85	电压型	10mV/℃
LX6500	-55～+85	电压型	10mV/℃
Lm3911	-25～+85	电压型	10mV/℃
AD590	-55～+150	电流型	1μA/℃
Lm35	-35～+150	电压型	10mV/℃
Lm134	-55～+125	电流型	1μA/℃

半导体集成温度传感器典型应用如图 2-8 所示。

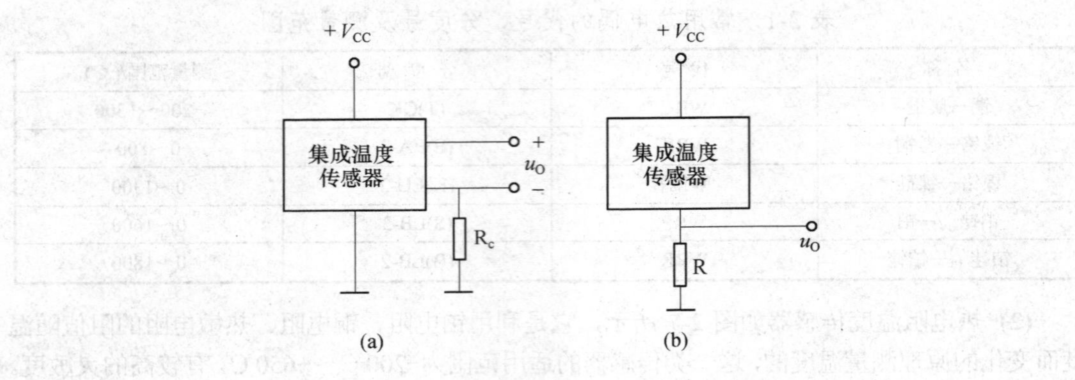

图 2-8 半导体集成温度传感器典型应用

(a) 电压型；(b) 电流型。

2. 常用的压力传感器

压力测量在工业、航空、航天、汽车、气象、海洋、医疗等方面有大量的应用，它利用压力可以测量液体、水的高度和压力，可以测量血压、气体质量和重量等参数。

压力(又称压强)的单位是帕(Pa)，1Pa=1N/m^2，常用千帕(kPa)、兆帕(MPa)表示，工业上使用的压力单位有 kgf[①]/cm^2 和 mmHg、mmH_{20} 几种。它们之间的关系见表 2-3。

表 2-3 各个压力(又称压强)单位之间的关系

单 位	Pa	kgf[①]/cm^2	atm(大气压)	mmHg	mmH_{20}
1Pa	1	1.0997×10^5	9.8692×10^{-6}	7.5006×10^{-3}	0.10197
1kgf/cm^2	9.80665×10^4	1	0.96784	735.559	104
1mmHg	1.33325×10^2	1.3595×10^{-3}	1.316×10^{-3}	1	13.595
1mmH_{20}	9.806375	0.9997×10^{-4}	0.9628×10^{-4}	7.3556×10^{-4}	1

1) 压电传感器

在受到压力的时候，某些晶体可能产生出电的效应。根据这个效应研制出了压电传感器。

压电传感器不能用于静态测量，因为经过外力作用后的电荷，只有在回路具有无限大的输入阻抗时才得到保存。实际的情况做不到。所以这决定了压电传感器只能够测量动态的应力。

压电传感器中主要使用的压电材料有石英、酒石酸钾钠和磷酸二氢胺。

压电传感器的主要应用：

(1) 压电式加速度传感器是一种常用的加速度计。其结构简单、体积小、质量小、使用寿命长等特点。在飞机、汽车、船舶、桥梁和建筑的振动和冲击测量中已经得到了广泛的应用，特别是航空和宇航领域中更有它的特殊地位。

① kgf是力的非法定计量单位。

(2) 压电式传感器可以用来测量发动机内部燃烧压力与真空度。可用于军事工业，例如用它来测量枪炮子弹在膛中击发一瞬间的膛压的变化和炮口的冲击波压力。

(3) 压电式传感器既可测量大的压力，也可测量微小的压力。在生物医学测量中，例如说心室导管式微音器。

2) 其他压力传感器

(1) 电容式压力传感器：利用被测压力使金属膜片之间的距离减少，电容量增加的原理制成的，可以测量液体和气体。

(2) 硅压阻式压力传感器：硅压阻式压力传感器是利用压阻效应制成的新型压力传感器，在一块单晶硅的基片上用扩散工艺制成的应变元件，在应变元件受到压力的作用，引起电阻值产生变化，在N型硅品片上形成 4 个阻值相等的电阻条，构成一个惠斯通电桥，特点是体积小、系数度高、测量范围宽、精度高。

3. 热释电型红外传感器

它在接收到红外光线时，会随红外光的功率大小而输出电压信号，用于人体、火焰的检测，热释电型红外传感器的外形及电路如图 2-9 所示。热释电型红外传感器元件感受到红外光线后，产生电荷，通过 FET 放大器，转换成电压输出，窗口用于红外光线的射入。

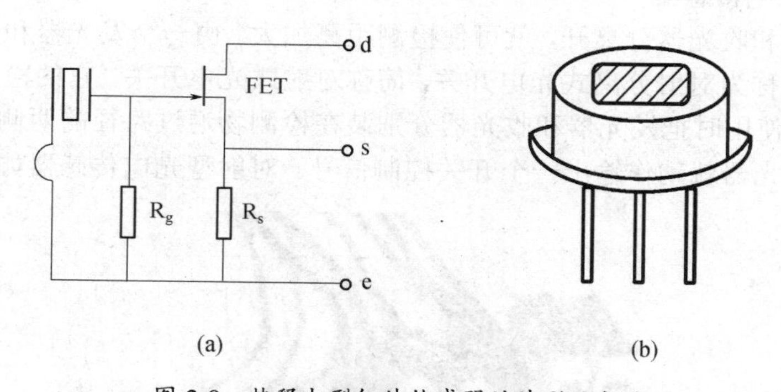

图 2-9　热释电型红外传感器的外形及电路

(a) 热释电型红外传感器电路；(b) 热释电型红外传感器外型图。

4. 红外光电传感器

光电传感器是通过把光强度的变化转换成电信号的变化来实现控制的。光电传感器在一般情况下，由发送器、接收器和检测电路等三部分组成。

发送器对准目标发射光束，发射的光束一般来源于半导体光源，发光二极管(LED)、激光二极管及红外发射二极管。光束不间断地发射，或者改变脉冲宽度。

接收器有光电二极管、光电三极管、光电池组成。在接收器的前面，装有光学元件如透镜和光圈等。

检测电路能滤出有效信号和应用该信号。

红外光电传感器的分类有下面几类。

1) 槽型光电传感器

把一个光发射器和一个接收器面对面地装在一个槽的两侧的是槽形光电装置。发光器能发出红外光或可见光，在无阻情况下只有接收器能收到光。但当被检测物体从槽中通过时，光被遮挡，光电开关便动作。输出一个开关控制信号，切断或接通负载电流，从而完成一次控制动作。槽形开关的检测距离因为受整体结构的限制一般只有几厘米。槽型光电传感器如图 2-10 所示。

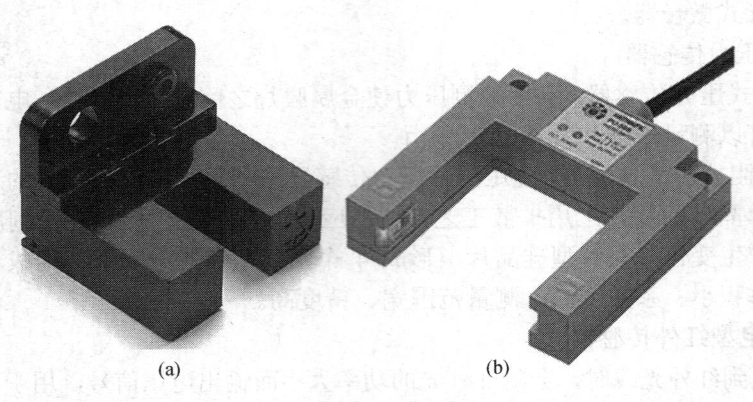

(a) (b)

图 2-10 槽型光电传感器

2) 对射型光电传感器

若把发光器和收光器分离开，就可使检测距离加大。由一个发光器和一个收光器组成的光电开关就称为对射分离式光电开关，简称对射式光电开关。它的检测距离可达几米乃至几十米。使用时把发光器和收光器分别装在检测物通过路径的两侧，检测物通过时阻挡光路，收光器就动作输出一个开关控制信号。对射型光电传感器如图 2-11 所示。

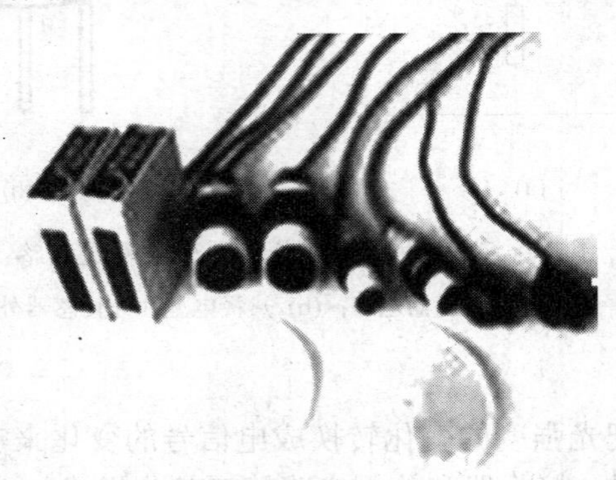

图 2-11 对射型光电传感器

3) 反光板型光电开关

把发光器和收光器装入同一个装置内，在它的前方装一块反光板，利用反射原理完成光电控制作用的称为反光板反射式(或反射镜反射式)光电开关。正常情况下，发光器发出的光被反光板反射回来被收光器收到；一旦光路被检测物挡住，收光器收不到光时，光电开关就动作，输出一个开关控制信号。

4) 扩散反射型光电开关:

它的检测头里也装有一个发光器和一个收光器，但前方没有反光板。正常情况下发光器发出的光收光器是收不到的。当检测物通过时挡住了光，并把光部分反射回来，收光器就收到光信号，输出一个开关信号。

图 2-12 所示是利用光电传感器测量电机转速的一个应用。光线每照射到接收器件一次，接收器件就产生一个脉冲，经放大整形后，可以通过数字频率计计算出每分钟产生的脉冲数，即电机转速。

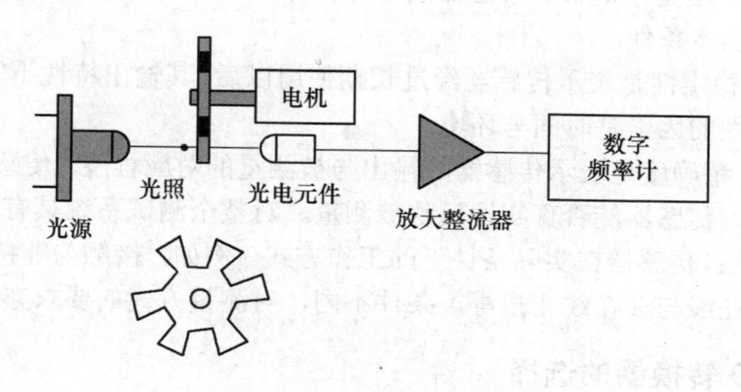

图 2-12　红外光电传感器的应用

5. 湿度传感器

湿度传感器指空气中所含的水蒸气量，工业上、气象上常用相对湿度这一概念。相对湿度是指空气中实际水蒸气与相同温度下饱和水蒸气的比值，用百分比表示。

目前用得较多的是电容式湿度传感器，利用空气中水蒸气量的多少影响传感器的电容量来测量的。

MHS1100、MHS1101 电容式相对湿度传感器。可以直接输出线性电压，有顶端接触(MHS1100)和侧面接触(MHS101)两种封装，它们外形结构如图 2-13 所示。

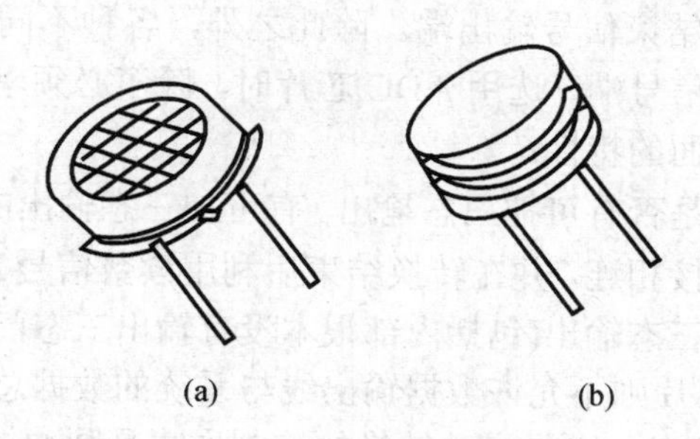

图 2-13　湿度传感器外形结构

(a) MHS1100；(b) MHS1101。

6. 传感器选择问题

选择传感器主要考虑灵敏度、响应特性、线性范围、稳定性、精确度、测量方式等 6 个方面的问题。

除了以上选用传感器时应充分考虑的一些因素外，还应尽可能兼顾结构简单、体积小。质量小、价格便宜、易于维修、易于更换等条件。

(1) 灵敏度：一般说来，传感器灵敏度越高越好，因为灵敏度越高，就意味着传感器所能感知的变化量小，即只要被测量有一微小变化，传感器就有较大的输出。

(2) 响应特性：传感器的响应总不可避免地有一定延迟，但我们总希望延迟的时间越短越好。

(3) 线性范围：任何传感器都有一定的线性工作范围。在线性范围内输出与输入成比例关系，线性范围越宽，则表明传感器的工作量程越大。传感器工作在线性区域内，是保证测量精度的基本条件。

(4) 稳定性：稳定性是表示传感器经过长期使用以后，其输出特性不发生变化的性能。影响传感器稳定性的因素是时间与环境。

(5) 精确度：精确度是表示传感器的输出与被测量的对应程度。传感器处于测试系统的输入端，因此，传感器能否真实地反映被测量，对整个测试系统具有直接的影响。

(6) 测量方式：传感器在实际条件下的工作方式。例如，接触与非接触测量、破坏与非破坏性测量、在线与非在线测量等，条件不同，对测量方式的要求亦不同。

2.2.3 A/D 转换器的选择

为了满足多种需要，目前国内外各半导体器件生产厂家设计并生产出了多种多样的ADC芯片。仅美国AD公司的A/D转换器(ADC)产品就有几十个系列、近百种型号之多。从性能上讲，它们有的精度高、速度快，有的则价格低廉。从功能上讲，有的不仅具有A/D转换的基本功能，还包括内部放大器和三态输出锁存器；有的甚至还包括多路开关、采样保持器等，已发展为一个小型数据采集系统。

尽管ADC芯片的品种、型号很多，其内部功能强弱、转换速度快慢、转换精度高低有很大差别，但从用户最关心的外特性看，无论哪种芯片，都必不可少地要包括以下四种基本信号引脚端：模拟信号输入端(单极性或双极性)；数字量输出端(并行或串行)；转换启动信号输入端；转换结束信号输出端。除此之外，各种不同型号的芯片可能还会有一些其他各不相同的控制信号端。选用ADC芯片时，除了必须考虑各种技术要求外，通常还需了解芯片以下两方面的特性：

一是数字输出的方式是否有可控三态输出。有可控三态输出的ADC芯片允许输出线与微机系统的数据总线直接相连，并在转换结束后利用读数信号$\overline{RD}$选通三态门，将转换结果送上总线。没有可控三态输出(包括内部根本没有输出三态门和虽有三态门但外部不可控两种情况)的 ADC 芯片则不允许数据输出线与系统的数据总线直接相连，而必须通过I/O接口与MPU交换信息。二是启动转换的控制方式是脉冲控制式还是电平控制式。对脉冲启动转换的 ADC 芯片，只要在其启动转换引脚上施加一个宽度符合芯片要求的脉冲信号，就能启动转换并自动完成。一般能和MPU配套使用的芯片，MPU的I/O写脉冲都能满足ADC芯片对启动脉冲的要求。对电平启动转换的ADC芯片，在转换过程中启动信号必须保持规定的电平不变，否则，如中途撤消规定的电平，就会停止转换而可能得到错误的结果。为此，必须用D触发器或可编程并行I/O接口芯片的某一位来锁存这个电平。

具有上述两种数字输出方式和两种启动转换控制方式的ADC芯片都不少，在实际使用芯片时要特别注意看清芯片说明。下面介绍两种常用芯片ADC 0808/0809的性能和使用方法。

ADC 0808 和 ADC 0809 除精度略有差别外(前者精度为 8 位、后者精度为 7 位)，其余各方面完全相同。它们都是 CMOS 器件，不仅包括一个 8 位的逐次逼近型的 ADC 部分，而且还提供一个 8 通道的模拟多路开关和通道寻址逻辑，因而有理由把它作为简单的“数据采集系统”。利用它可直接输入 8 个单端的模拟信号分时进行 A/D 转换，在多点巡回检测和过程控制、运动控制中应用十分广泛。

1. A/D 转换器的主要性能指标

(1) 分辨力：分辨力表示输出数字量变化一个相邻数码所需输入模拟电压的变化量。转换器的分辨力定义为满刻度电压与 2^n 之比值，其中 n 为 A/D 转换器的位数，例如，一个 8 位 A/D 转换器其分辨力为满刻度 $1/2^8$，若满刻度电压为 5V，则可以分辨力的最小电压值为 $5/2^8$=20mV。

(2) 量化误差：是由于 A/D 转换的有限数字对模拟数值进行离散取值(量化)而引起的误差。单位为 LSB(Least Significant Bit)是数字量的最小有效位所表示的模拟量，提高分辨率可减少量化误差。量化误差和分辨率是统一的。

(3) 转换精度：表示实际 A/D 转换在量化值上与理想 A/D 转换器进行模/数转换的差值，可以用两种方式来表示：①绝对精度：用最低位(LSB)的倍数表示，如$\pm 1/2^{LSB}$ 等。②用绝对精度除以满量程值的百分数来表示。

(4) 转换时间与转换速率：转换时间为完成一次 A/D 转换所需要的时间，即从输入端加入信号到输出端出现相应数码的时间转换时间越短，适应输入信号快速变化能力越强。转换速度是转换时间的倒数。

2. 内部结构和外部引脚

ADC0808/0809 的内部结构和外部引脚分别如图 2-14 和图 2-15 所示。内部各部分的作用和工作原理在内部结构图中已一目了然，在此就不再赘述，下面仅对各引脚定义分述如下：

(1) IN_0～IN_7——8 路模拟输入，通过 3 根地址译码线 ADD_A、ADD_B、ADD_C 来选通一路。

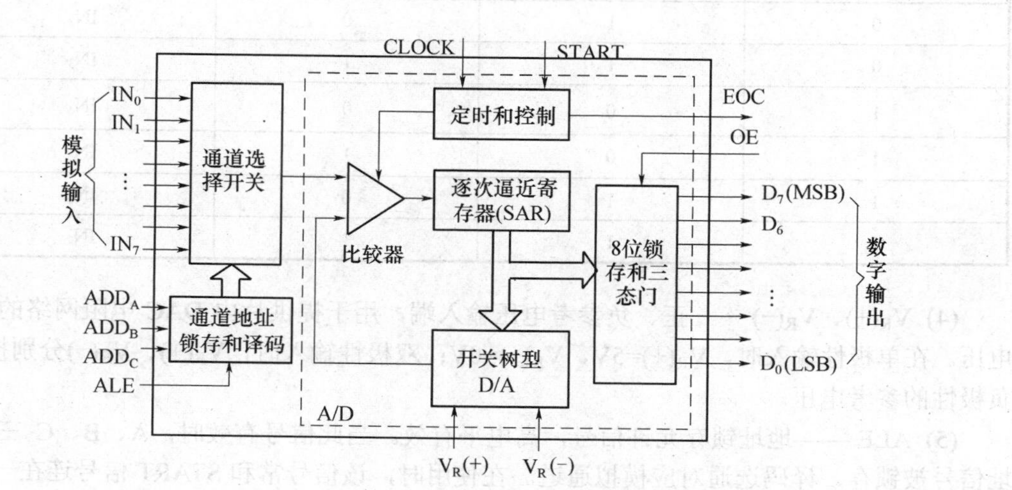

图 2-14　ADC0808/0809 内部结构框图

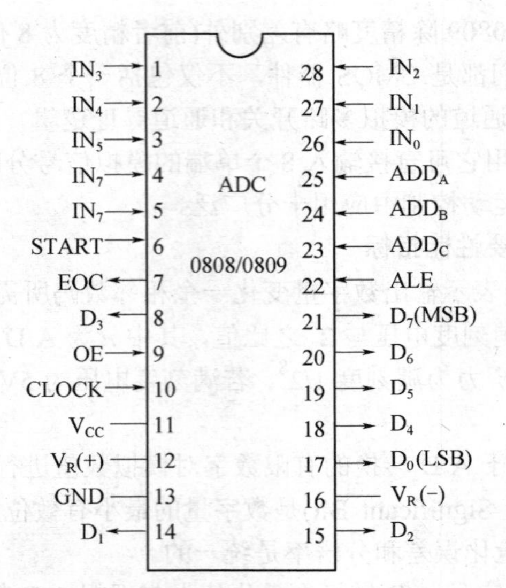

图 2-15　ADC0808/0809 外部引脚图

(2) D_7～D_0——A/D 转换后的数据输出端，为三态可控输出，故可直接和微处理器数据线连接。8 位排列顺序是 D_7 为最高位，D_0 为最低位。

(3) ADD_A、ADD_B、ADD_C——模拟通道选择地址信号，ADD_A 为低位，ADD_C 为高位。地址信号与选中通道对应关系见表 2-4。

表 2-4　地址信号与选中通道的关系

地　址			选 中 通 道
ADD_C	ADD_B	ADD_A	
0	0	0	IN_0
0	0	1	IN_1
0	1	0	IN_2
0	1	1	IN_3
1	0	0	IN_4
1	0	1	IN_5
1	1	0	IN_6
1	1	1	IN_7

(4) $V_R(+)$、$V_R(-)$——正、负参考电压输入端，用于提供片内 DAC 电阻网络的基准电压。在单极性输入时，$V_R(+)=5V$，$V_R(-)=0V$；双极性输入时，$V_R(+)$、$V_R(-)$分别接正、负极性的参考电压。

(5) ALE——地址锁存允许信号，高电平有效。当此信号有效时，A、B、C 三位地址信号被锁存，译码选通对应模拟通道。在使用时，该信号常和 START 信号连在一起，以便同时锁存通道地址和启动 A/D 转换。

(6) START——A/D 转换启动信号，正脉冲有效。加于该端的脉冲的上升沿使逐次逼近寄存器清零，下降沿开始 A/D 转换。如正在进行转换时又接到新的启动脉冲，则原来的转换进程被中止，重新从头开始转换。

(7) EOC ——转换结束信号，高电平有效。该信号在 A/D 转换过程中为低电平，其余时间为高电平。该信号可作为被 CPU 查询的状态信号，也可作为对 CPU 的中断请求信号。在需要对某个模拟量不断采样、转换的情况下，EOC 也可作为启动信号反馈接到 START 端，但在刚加电时需由外电路第一次启动。

(8) OE——输出允许信号，高电平有效。当微处理器送出该信号时，ADC0808/0809 的输出三态门被打开，使转换结果通过数据总线被读走。在中断工作方式下，该信号往往是 CPU 发出的中断请求响应信号。

3. 工作时序与使用说明

ADC 0808/0809 的工作时序如图 2-16 所示。当通道选择地址有效时，ALE 信号一出现，地址便马上被锁存，这时转换启动信号紧随 ALE 之后(或与 ALE 同时)出现。START 的上升沿将逐次逼近寄存器 SAR 复位，在该上升沿之后的 2μs 加 8 个时钟周期内(不定)，EOC 信号将变低电平，以表示转换操作正在进行中，直到转换完成后 EOC 再变高电平。微处理器收到变为高电平的 EOC 信号后，便立即送出 OE 信号，打开三态门，读取转换结果。地址信号与选中通道的关系见表 2-4。

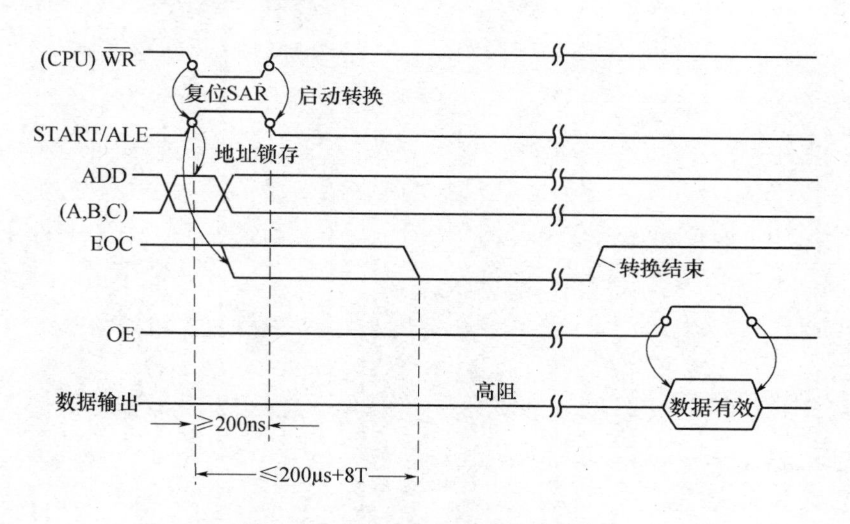

图 2-16　ADC 0808/0809 工作时序

模拟输入通道的选择可以相对于转换开始操作独立地进行(当然，不能在转换过程中进行)，然而通常是把通道选择和启动转换结合起来完成(因为 ADC0808/0809 的时间特性允许这样做)。这样可以用一条写指令既选择模拟通道又启动转换。在与微机接口时，输入通道的选择可有两种方法，一种是通过地址总线选择，一种是通过数据总线选择。

如用 EOC 信号去产生中断请求，要特别注意 EOC 的变低相对于启动信号有 2μs+8 个时钟周期的延迟，要设法使它不致产生虚假的中断请求。因此，最好利用 EOC 上升沿产生中断请求，而不是靠高电平产生中断请求。

4. A/D 转换器的选用的依据

(1) A/D 转换器用于什么系统、输出的数据位数、系统的精度、线性。

(2) 输入的模拟信号类型，包括模拟输入信号的范围、极性(单、双极性)、信号的驱动能力、信号的变化快慢。

(3) 后续电路对 A/D 转换器输出数字逻辑电平的要求、输出方式 (平行、串行)、是否需数据锁存、与哪种 CPU 接口或数字电路(三态门逻辑、TTL 还是 CMOS)、驱动电路。

(4) 系统工作在动态条件还是静态条件、带宽要求、要求 A/D 转换器的转换时间、采样速率，是高速应用还是低速应用等。

(5) 基准电压源的来源。基准电压源的幅度、极性及稳定性、电压是固定的还是可调的，外部提供还是 A/D 转换芯片内提供等。

(6) 成本及芯片来源等因数。

第 3 章　单片机人机交换界面电路设计

3.1　键盘及其接口

在设计键盘接口时，解决以下几个问题：

(1) 开关状态的可靠输入——可设计硬件去抖动或软件去抖动电路。

(2) 键盘状态的监测方法——中断方式还是查询方式。

(3) 键盘编码方法。

(4) 键盘控制程序的编制。

3.1.1　独立式键盘接口

1. 独立式按键结构

独立式按键是指直接用 I/O 口线构成的单个按键电路。每根 I/O 口线上按键的工作状态不会影响其他 I/O 口线的工作状态。独立式按键电路如图 3-1 所示。

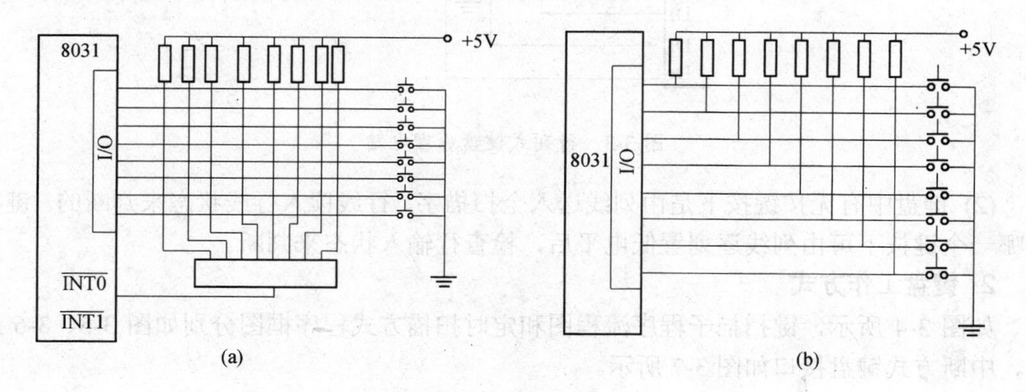

图 3-1　独立式按键电路

(a) 中断方式；(b) 查询方式。

2. 独立式按键的软件结构

包括按键查询、键功能程序转移。

图 3-2 所示为使用扩展 I/O 的独立式按键电路，按键数量可多可少。

3.1.2　行列式键盘

1. 键盘工作原理

(1) 行列式键盘电路原理如图 3-3 所示。按键设置在行列式交点上，行列线分别连接到按键开关的两端。当行线通过上拉电阻接+5V 时，被钳位在高电平状态。

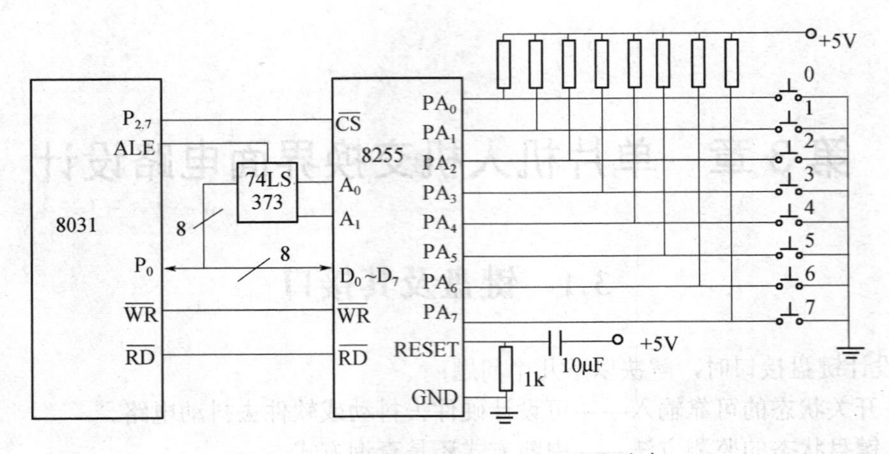

图 3-2　使用 8255 扩展 I/O 的独立式键盘

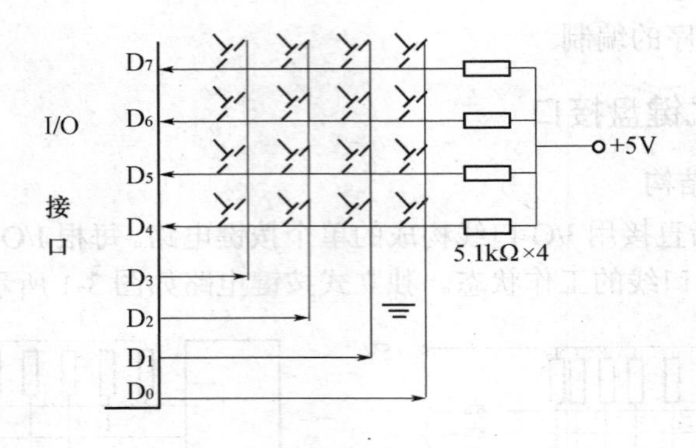

图 3-3　行列式键盘原理电路

(2) 键盘中有无按键按下是由列线送入全扫描字、行线读入行线状态来判断的。键盘中哪一个键按下可由列线逐列置低电平后，检查行输入状态来判断。

2. 键盘工作方式

如图 3-4 所示，键扫描子程序流程图和定时扫描方式程序框图分别如图 3-5、3-6 所示，中断方式键盘接口如图 3-7 所示。

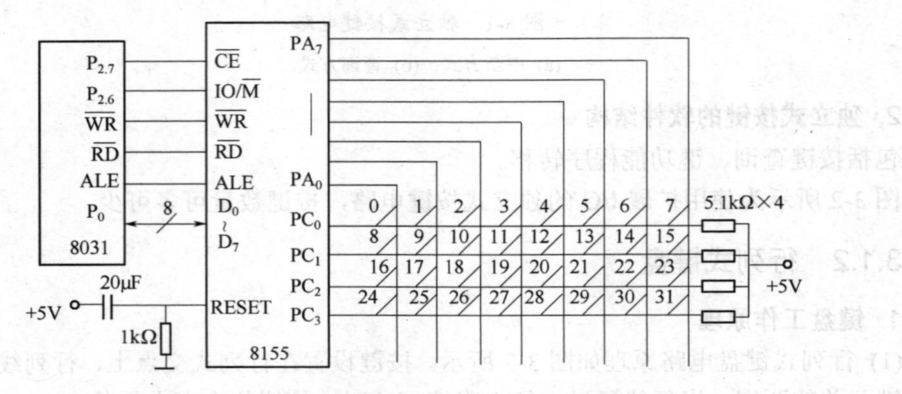

图 3-4　8155 扩展 I/O 口组成的行列式键盘

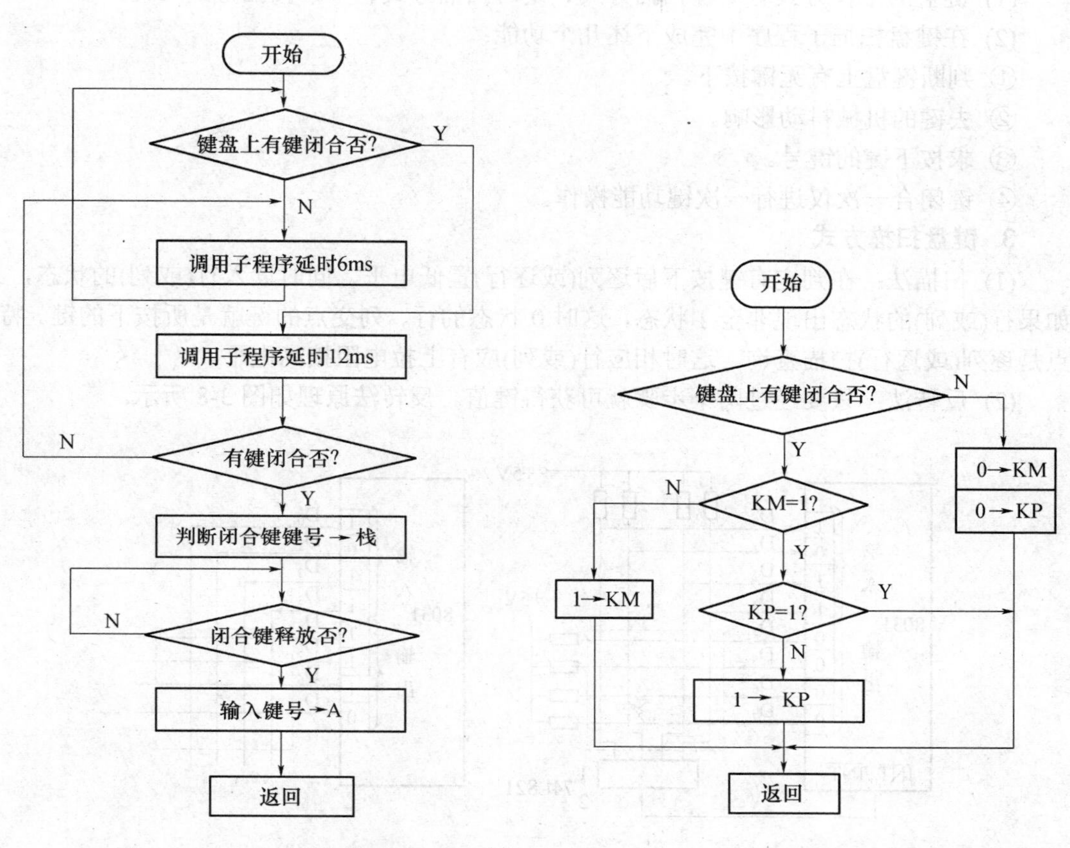

图 3-5 键扫描子程序流程图

图 3-6 定时扫描方式程序框图

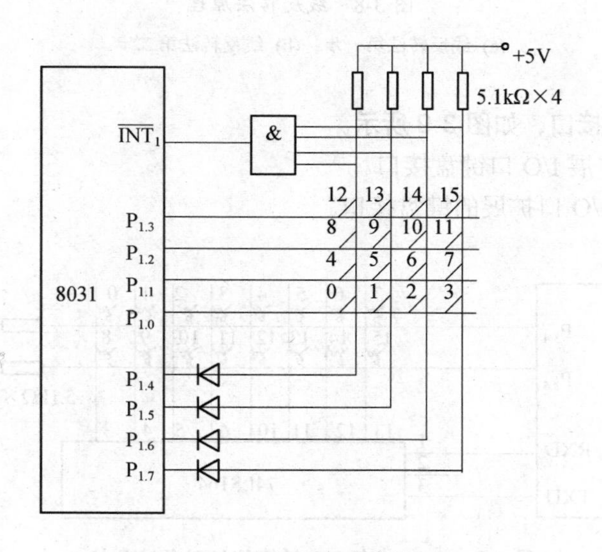

图 3-7 中断方式键盘接口

(1) 键盘的工作方式有编程扫描方式、定时扫描方式、中断扫描方式三种。

(2) 在键盘扫描子程序中完成下述几个功能：

① 判断键盘上有无键按下。

② 去键的机械抖动影响。

③ 求按下键的键号。

④ 键闭合一次仅进行一次键功能操作。

3. 键盘扫描方式

(1) 扫描法：在判定有键按下后逐列(或逐行)置低电平，同时读入行(或列)的状态，如果行(或列)的状态出现非全1状态，这时0状态的行、列交点的键就是所按下的键。特点是逐列(或逐行)扫描查询。这时相应行(或列)应有上拉电阻接高电平。

(2) 反转法：只要经过两个步骤就可获得键值。反转法原理如图3-8所示。

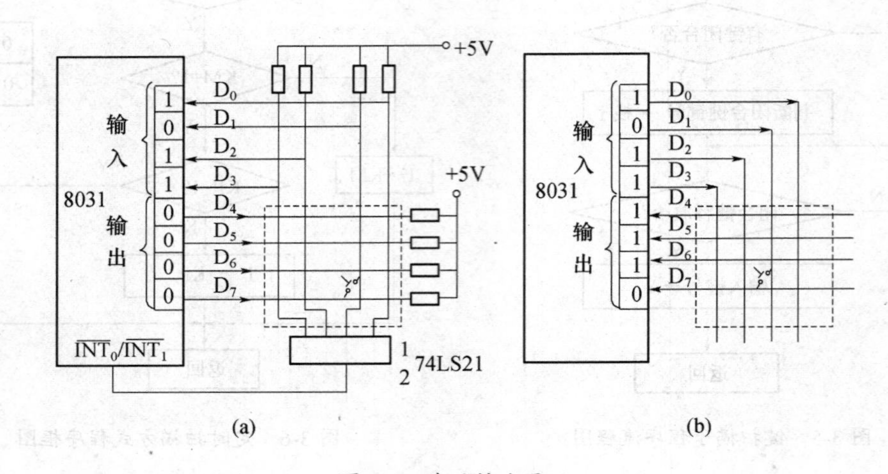

图3-8　线反转法原理

(a) 线反转法第一步；(b) 线反转法第二步。

4. 行列式键盘接口，如图3-9所示。

(1) 通用并行扩展I/O口键盘接口。

(2) 8031串行I/O口扩展的键盘接口。

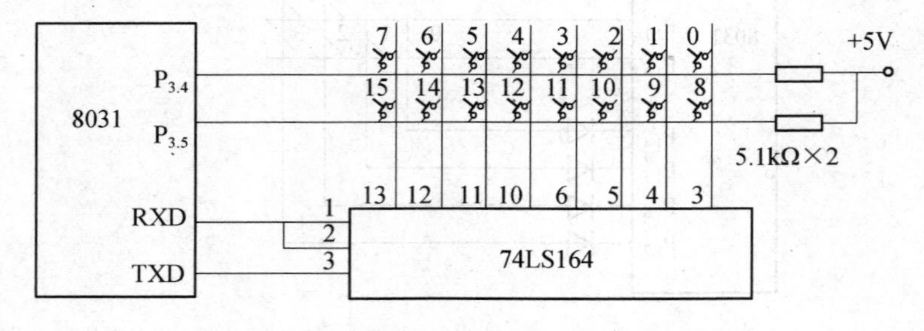

图3-9　8031串行I/O扩展的行列式键盘接口

3.2　显示器接口

3.2.1　LED 显示器接口

1. LED 显示器结构与原理

(1) LED 显示块是由发光二极管显示字段组成的显示器件。

(2) 在微机应用系统中通常使用的是七段 LED。这种显示块有共阴极与共阳极两种，如图 3-10 所示。LED 显示器与微机接口非常容易。数码管七段显示数据表见表 3-1。

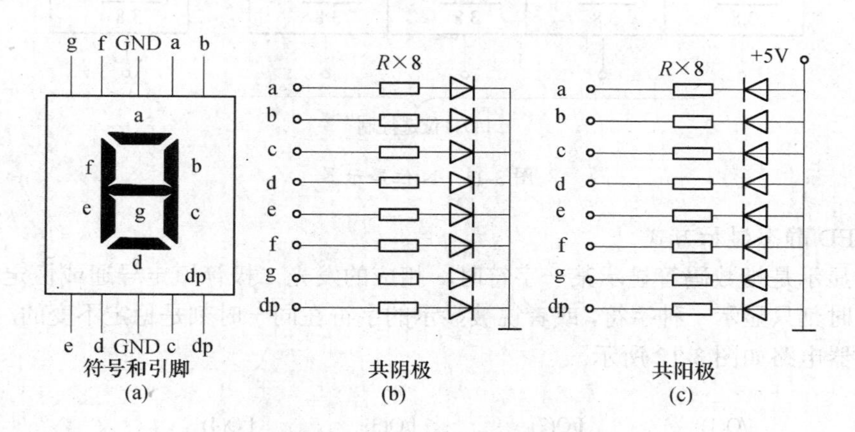

图 3-10　数码管显示器结构
(a) 管脚配置；(b) 共阴极；(c) 共阳极。

表 3-1　数码管七段显示数据表

显示字符	共阴极段选码	共阳极段选码	显示字符	共阴极段选码	共阳极段选码
0	3FH	C0H	9	6FH	90H
1	06H	F9H	A	77H	88H
2	5BH	A4H	B	7CH	83H
3	4FH	B0H	C	39H	C6H
4	66H	99H	D	5EH	A1H
5	6DH	92H	E	79H	86H
6	7DH	82H	F	71H	84H
7	07H	F8H	“灭”	00H	FFH
8	7FH	80H			

2. LED 显示器与显示方式

在微机应用系统中使用 LED 显示块构成 *N* 位 LED 显示器。图 3-11 是 *N* 位显示器的构成原理。LED 显示器有 LED 静态显示方式和 LED 动态显示方式两种。

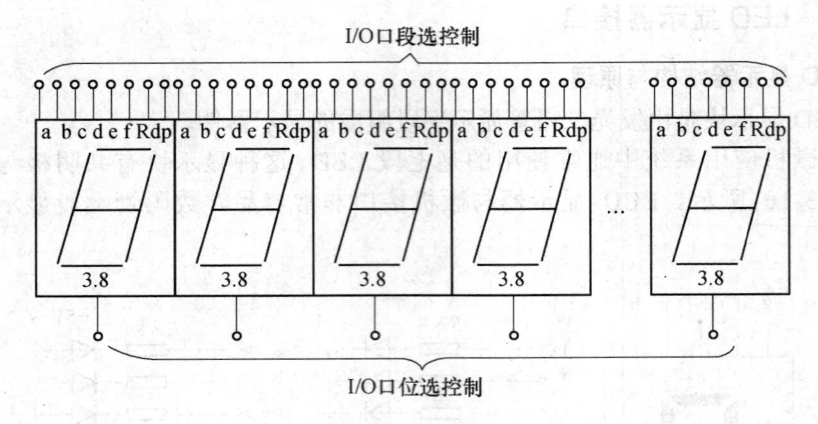

图 3-11 N 位显示器

1) LED 静态显示方式

静态显示是指数码管显示某一字符时，相应的发光二极管恒定导通或恒定截止。就是在同一时刻只显示一种字符，或者说被显示的字符在同一时刻是稳定不变的。4 位 LED 静态显示器电路如图 3-12 所示。

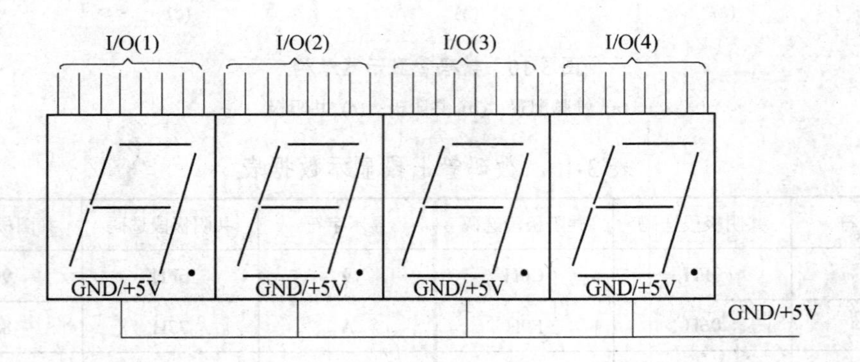

图 3-12 4 位 LED 静态显示器电路

这种显示方式的各位数码管相互独立，公共端恒定接地(共阴极)或接正电源(共阳极)。每个数码管的 8 个字段分别与一个 8 位 I/O 接口相连，I/O 端口只要有字形代码输出，相应字符即显示出来，并保持不变，直到 I/O 端口输出新的字形代码。

采用静态显示方式，虽然具有较高的显示亮度、占用 CPU 时间少、编程简单等优点，但其占用的端口线多、硬件电路复杂、成本高，只适合于显示位数较少的场合。

2) LED 动态显示方式

动态显示是一位一位地轮流点亮各位数码管，这种逐位点亮显示器的方式称为动态扫描。8 位 LED 动态显示器电路如图 3-13 所示。

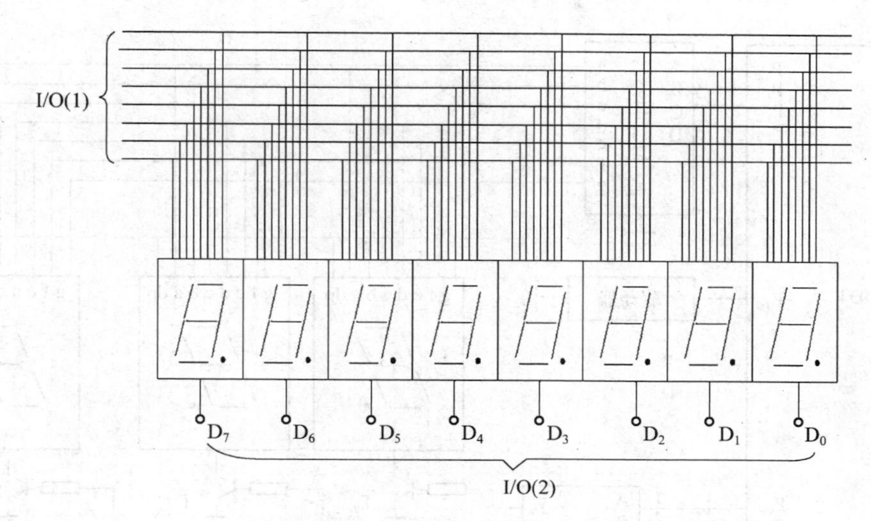

图 3-13　8 位 LED 动态显示器电路

通常，各位数码管的段选线相应并联在一起，由一个 8 位的 I/O 端口控制；各位 LED 显示器的位选线(COM 端)由另外的 I/O 端口控制。动态方式显示时，各数码管分时轮流选通，要使其稳定显示，必须采用动态扫描方式，即在某一时刻只选通一位数码管，并送出相应的字形代码，在另一时刻选通另一位数码管，并送出相应的字形代码。依此规律循环，逐个循环点亮各位数码管，每位显示 5ms 左右，即可使各位数码管显示要显示的字符。虽然这些字符是在不同的时刻分别显示的，但由于人眼存在视觉暂留效应及数码管具有余辉特性，所以给人以同时显示的感觉。

采用动态显示方式节省 I/O 端口，硬件电路也较静态显示方式简单，但其亮度不如静态显示方式，而且在显示位数较多时，CPU 要依次扫描，仍占用 CPU 较多的时间。

用 51 系列单片机构建数码管动态显示系统时，采用简单的接口芯片即可进行系统扩展，其特点是接口电路简单、编程方便、价格低廉。

3. LED 显示器接口实例

从 LED 显示器的原理可知，为了显示字母与数字，必须最终转换成相应的段选码。这种转换可以通过硬件译码器或软件进行译码。

(1) 硬件译码器 LED 显示器接口(图 3-14)。

(2) 软件译码 LED 显示器接口(图 3-15 所示的动态显示接口电路与图 3-16 所示的显示子程序流程图)。

3.2.2　液晶显示器接口

1. 液晶显示器的基本结构及工作原理

液晶显示器基本结构如图 3-17 所示。

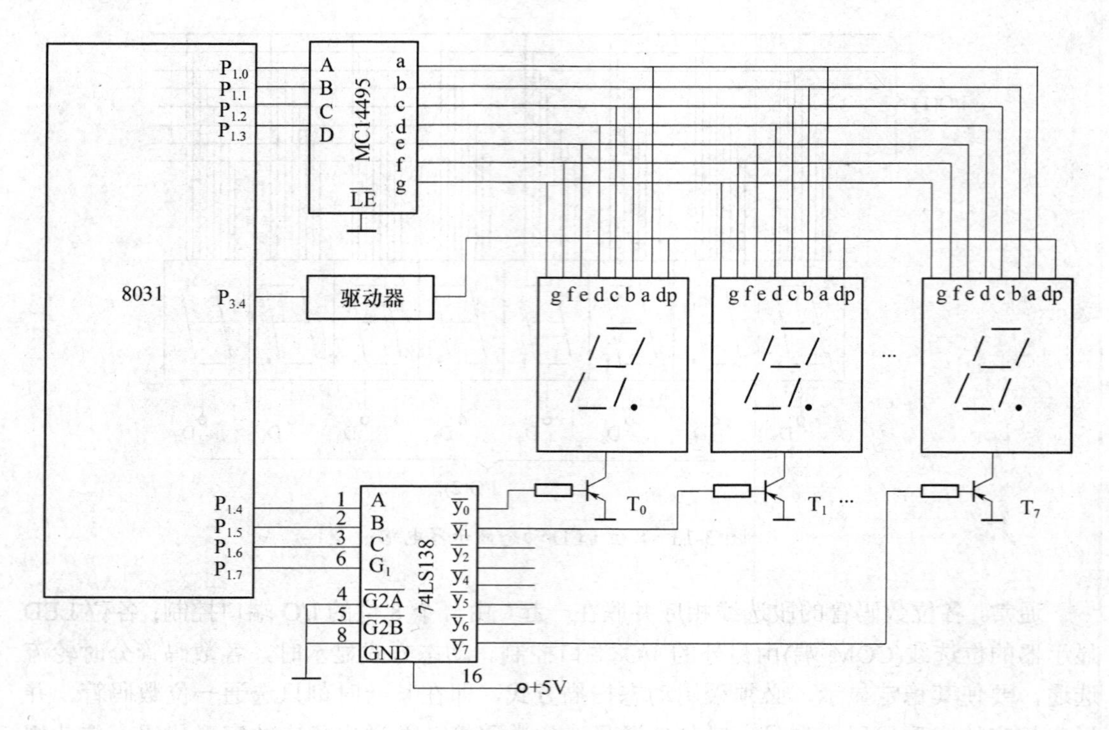

图 3-14　利用硬件译码器的七段 LED 接口电路

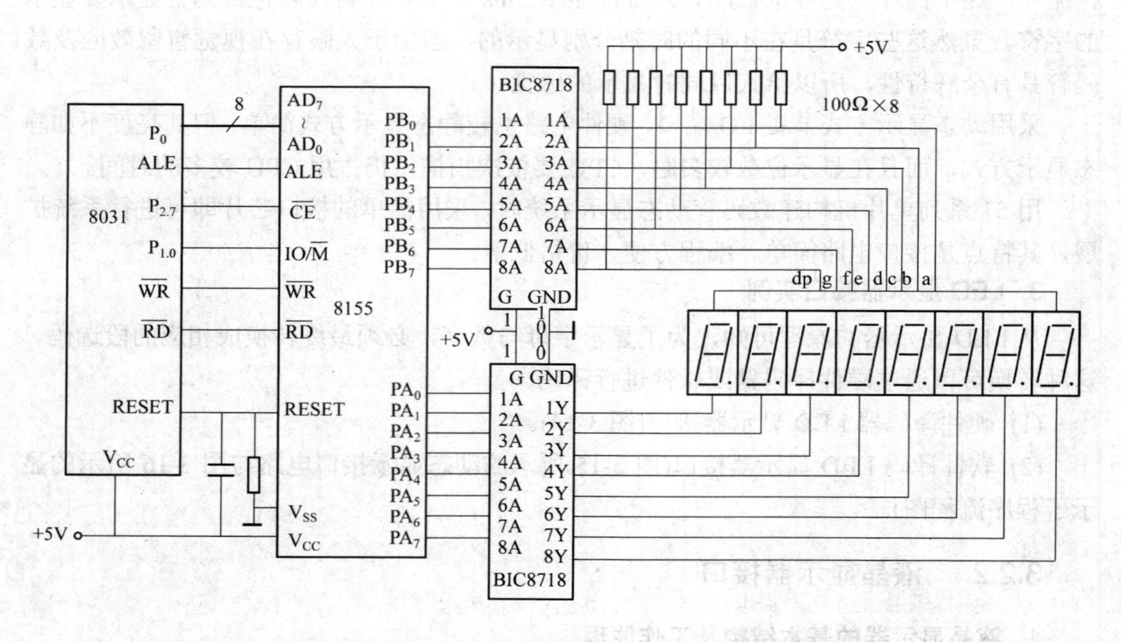

图 3-15　通过 8155 扩展 I/O 口控制的 8 位 LED 动态显示接口

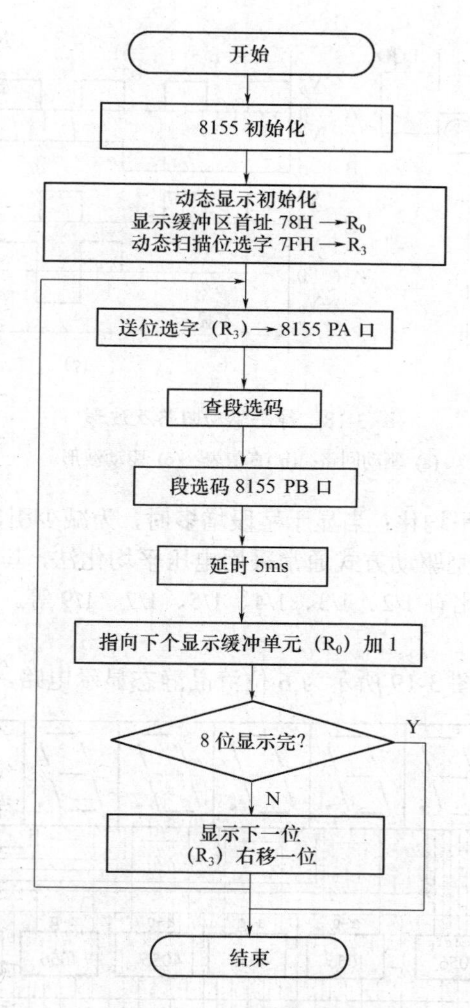

图 3-16 动态显示子程序流程图

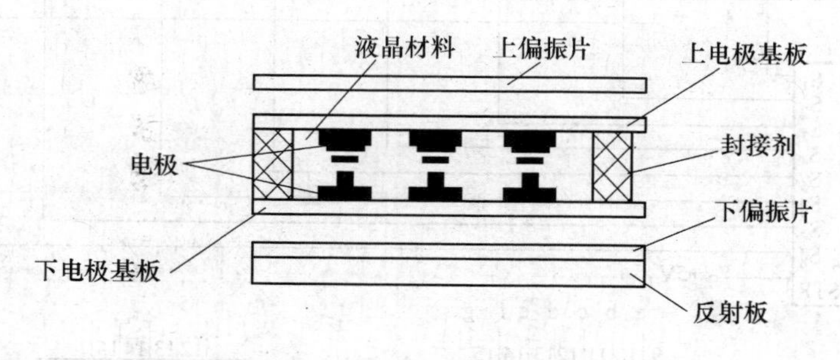

图 3-17 液晶显示器基本结构

2. LCD 的驱动方式

(1) 静态驱动方式：静态驱动回路及波形如图 3-18 所示，图 3-18 中 LCD 表示某个液晶显示段。

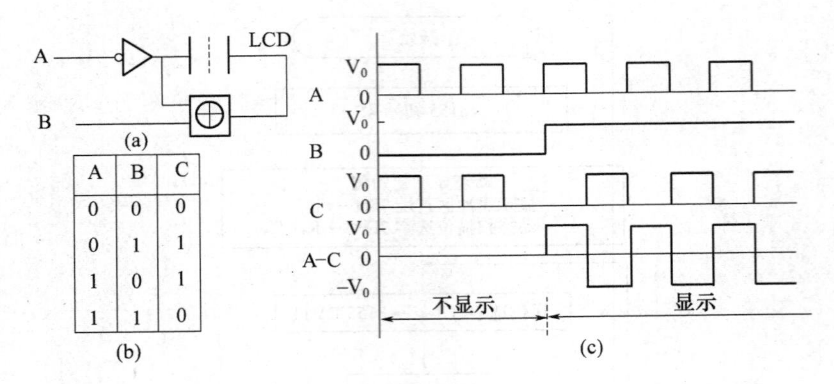

图 3-18 静态驱动回路及波形

(a) 驱动回路；(b)真值表；(c) 驱动波形。

(2) 时分割驱动电压平均化：当显示字段增多时，为减少引出线和驱动回路数，需要采用时分割驱动法。时分割驱动方式通常采用电压平均化法，其占空比有 1/2、1/8、1/11、1/16、1/32、1/64 等，偏比有 1/2、1/3、1/4、1/5、1/7、1/9 等。

3. LCD 接口实例

(1) 硬件接口电路：图 3-19 所示为 6 位液晶静态显示电路。

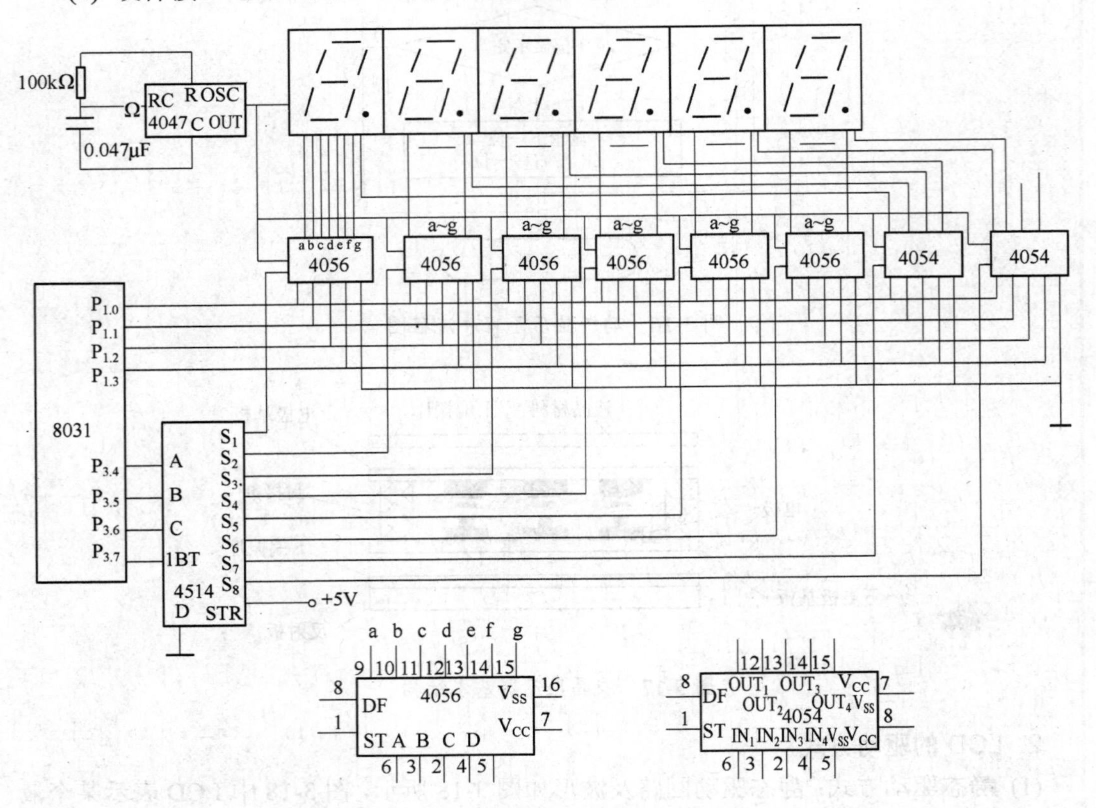

图 3-19 6 位 LED 静态显示电路

(2) 典型显示子程序：设显示缓冲区为 8031 片内 RAM 的 22H～27H 6 个单元依次放置六位分离的 BCD 码。

3.2.3　典型键盘/显示器接口实例

1. 8155 扩展 I/O 口的键盘/显示器接口

(1) 接口电路：8155 扩展 I/O 口的键盘/显示器接口电路如图 3-20 所示；LED 采用动态显示软件译码，键盘采用逐行扫描查询方式；LED 的驱动采用集电极开路输出八位驱动器 8718。

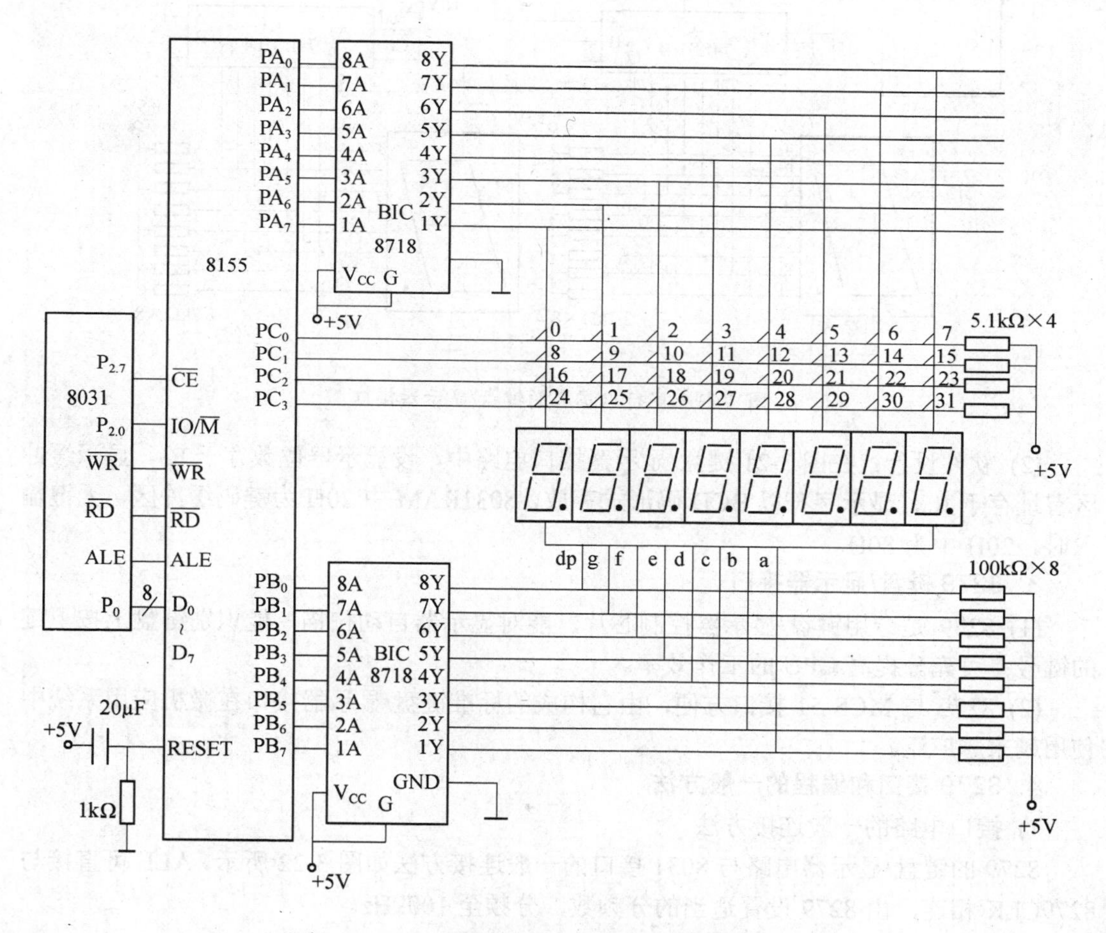

图 3-20　8155 扩展 I/O 口的键盘/显示器接口电路

(2) 软件设计：由于键盘与显示组成一个接口电路，因此在软件设计中合并考虑键盘查询与动态显示，键盘消颤的延时子程序用显示程序代替。

2. 串行口扩展的键盘/显示器接口

(1) 接口电路：图 3-21 中使用一片 74LS164 和两根行线扩展 16 键键盘。电路原理如图 3-21 所示。

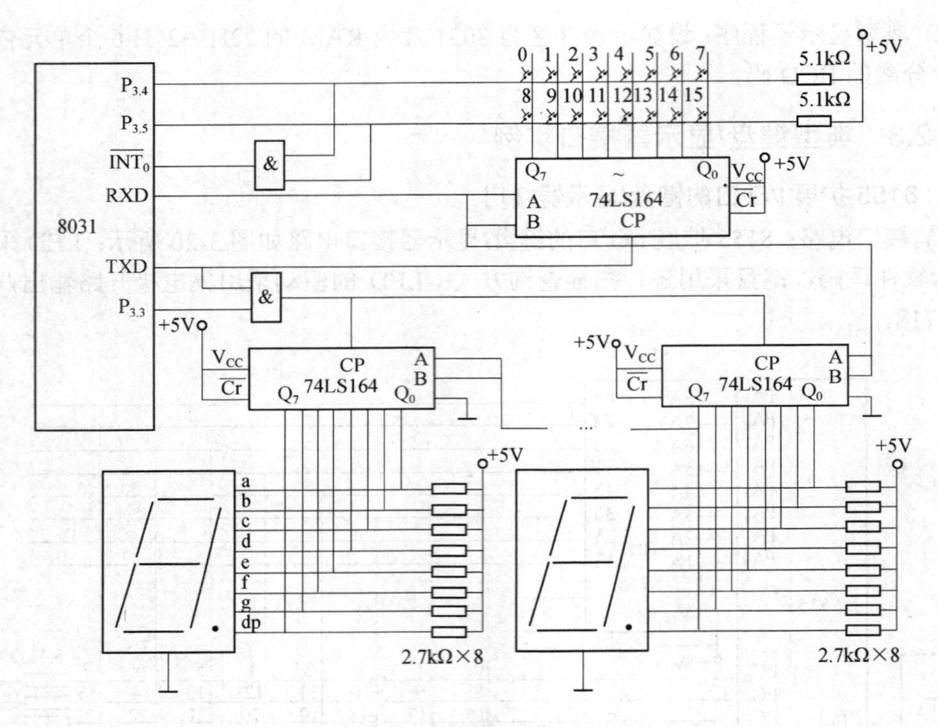

图 3-21　串行口扩展的键盘/显示器接口

(2) 软件设计：在图 3-21 键盘/显示器接口电路中，设显示器位数存于 R_7，显示缓冲区首址存于 R_0，显示字符以 BCD 码形式存放，8031RAM 中 20H 为键码缓冲区，无键输入时，20H 中为 80H。

3. 8279 键盘/显示器接口

(1) 8279 是专用键盘/显示器控制芯片，能对显示器自动扫描，能识别键盘上按下键的键号；可充分提高 CPU 的工作效率。

(2) 8279 与 MCS-51 接口方便，由它构成的标准键盘/显示器接口在微机应用系统中使用越来越广泛。

4. 8279 接口和编程的一般方法

1) 接口电路的一般连接方法

8279 的键盘/显示器电路与 8031 接口的一般连接方法如图 3-22 所示。ALE 可直接与 8279CLK 相连，由 8279 设置适当的分频数，分频至 100kHz。

2) 8279 键盘、显示接口应用特性：

(1) 8279 操作命令(表 3-2 所示)。

(2) 8279 的 FIFO 状态查询。

(3) 8279 的数据输入/输出。

(4)　显示器的填入/移位方式。

(5) 8279 的内部译码与外部译码。

(6) 键盘键值的给定。

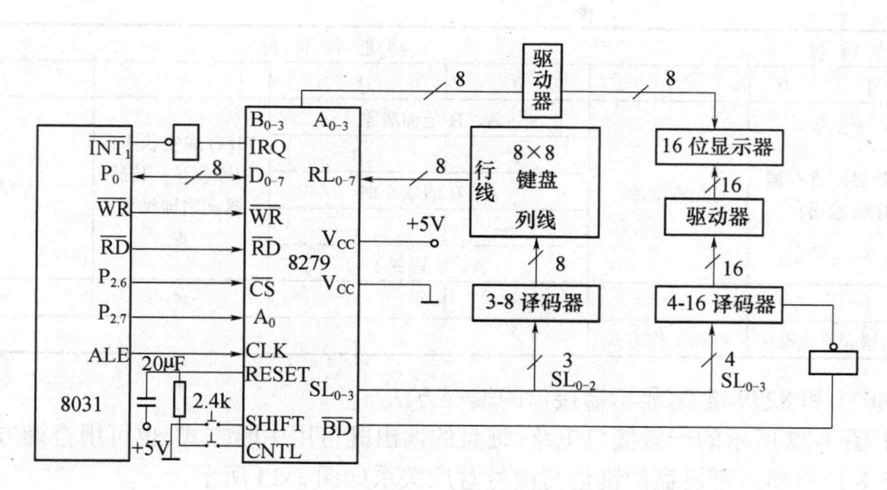

图 3-22 8279 的键盘/显示器电路及与 8031 接口

表 3-2 8279 命令功能键一览表

命令特征位			功能特征位				
D_7	D_6	D_5	D_4	D_3	D_2	D_1	D_0
0	0	0	0	0	0	0	0
键盘/显示器工作方式			左端送入	8×8 显示	双键锁定		编码扫描
					0	1	
					N 键轮回		
			1	1	1	0	1
			右端送入	16×8 显示	传感器矩阵		译码扫描
					1	1	
					选通输入显示扫描		
0	0	1	×	×	×	×	×
程序时钟			×	×2～31 分频	×	×	×
0	1	0	1	×	×	×	×
读 FIFO/传感器 RAM			传感器 RAM 自动加 1	—	传感器 RAM 的 8 个字节地址位		
0	1	1	1		×	×	×
读显示 RAM			自动加 1	显示 RAM 的 16 个字节地址			
1	0	0	1	×	×	×	×
写显示 RAM			自动加 1	显示 RAM 的 16 个字节地址			
1	0	1	×	1	1	1	1
显示器写禁止/消隐			—	禁止写 A 口	禁止写 B 口	消隐 A 口	消隐 B 口

(续)

<table>
<tr><td>命令特征</td><td colspan="5">功能特征位</td></tr>
<tr><td>1　1　0</td><td>1</td><td>0</td><td>×</td><td>1</td><td>1</td></tr>
<tr><td rowspan="5">清除(清除显示寄存器A、B组输出)</td><td rowspan="5">允许清除</td><td colspan="2">A、B全部清零</td><td rowspan="5">FIFO成空状态；中断复位；传感器读出地址置零</td><td rowspan="5">总清除</td></tr>
<tr><td>1</td><td>0</td></tr>
<tr><td colspan="2">A、B清成20H</td></tr>
<tr><td>1</td><td>1</td></tr>
<tr><td colspan="2">A、B皆置1</td></tr>
<tr><td>1　1　1</td><td>×</td><td>×</td><td>×</td><td>×</td><td>×</td></tr>
<tr><td>结束中断/错误方式设置</td><td>特殊工作方式</td><td colspan="4">—</td></tr>
</table>

3) 8031和8279键盘/显示器接口的编程方法

对于图3-22所示的一般接口电路，键盘的读出既可用中断方式，也可用查询方式。8×8若采用3-8译码器，则键盘的键值与键号对应关系如图3-23所示。

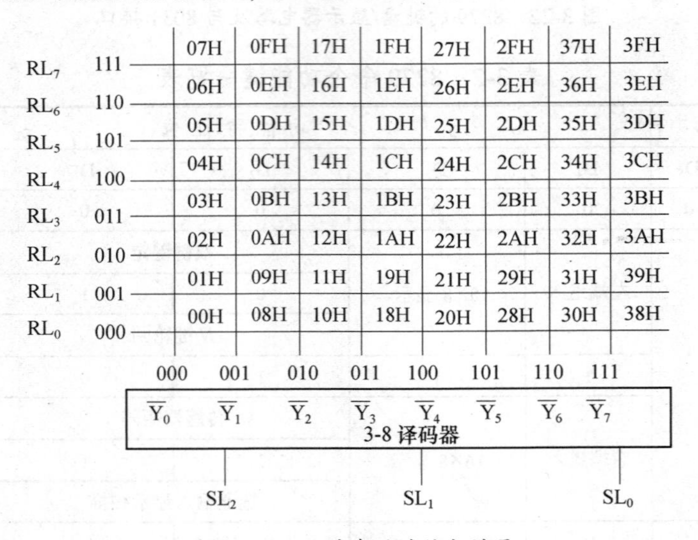

图3-23　8×8键盘的键值与键号

设若16位LED显示，16个按键，键盘采用查询方式读出。16位显示数据的段选码存放在8031片内RAM的30H～3FH单元；16个键的键值读出后存放在40H～4FH中。8031晶振为8MHz。

3.3　拨码盘及语音接口

3.3.1　拨码盘接口及应用实例

1. 十线拨盘

(1) 十线拨盘(图3-24)接口：多个拨盘输入时，接口如图3-25所示。为节约I/O口，采用并联连接，分时选通输入的办法。

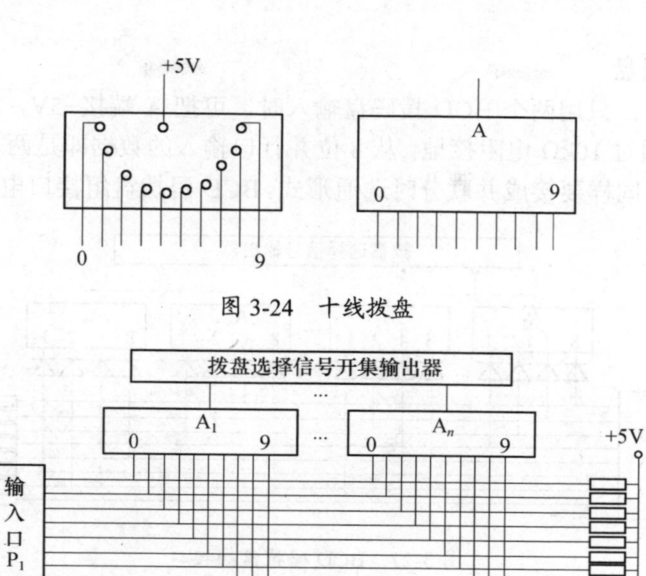

图 3-24　十线拨盘

图 3-25　十线拨盘组接口

(2) 读数及自检软件十线拨码盘便于实现自检。在正常情况下，十线中只能有一个为低电平“0”。如果有一个以上的低电平“0”，则为短路故障；如全为高电平“1”，则为开路或接触不良故障。图 3-26 是读数自检子程序流程图。

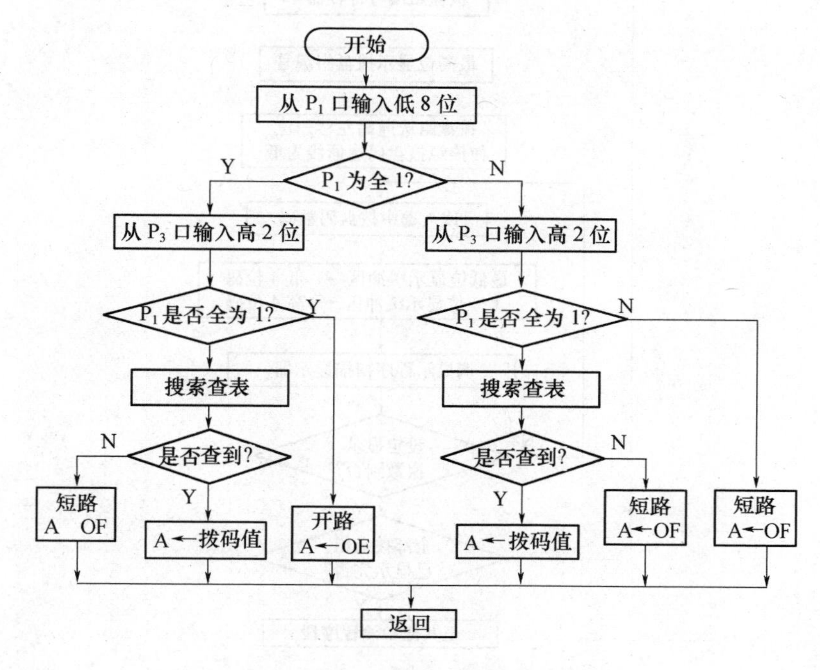

图 3-26　十线拨盘读数自检程序流程图

2. BCD拨码盘

(1) 硬件接口：只用两个BCD拨码盘输入时，可把A端接+5V，8个输出脚接8个并行输出口，并通过10kΩ电阻接地，从8位并行口输入的数据即是两个拨盘的BCD码。多个拨盘输入时，同样要接成并联分时选通形式。BCD码拨盘组接口电路如图3-27所示。

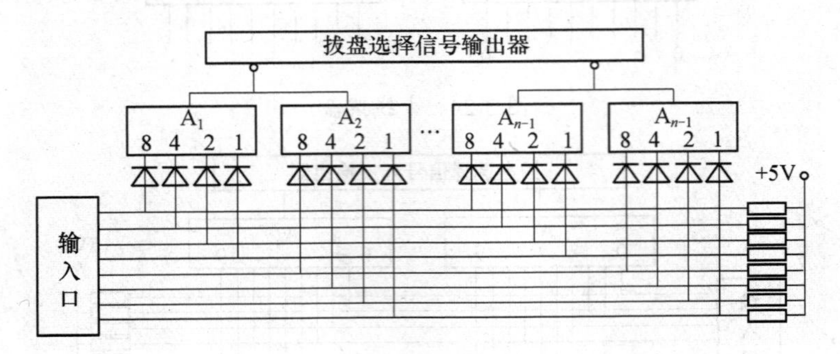

图3-27 BCD码拨盘组接口

(2) 读数及检测软件：BCD拨码盘不易实现故障自检，BCD码拨盘检测程序流程图如图3-28所示。

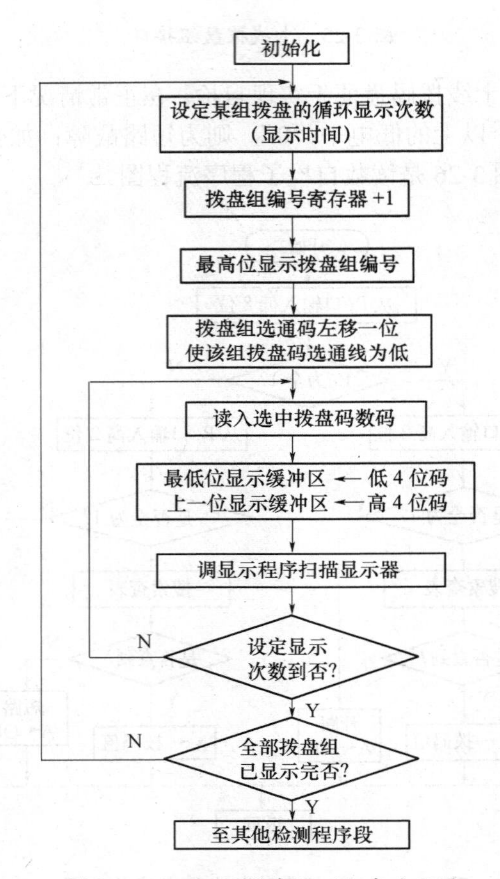

图3-28 BCD码拨盘检测程序流程图

3.3.2　ISD1420 语音接口芯片及其应用

1. ISD1420 芯片的特点

(1) 外围元件简单，仅需少量阻容元件、麦克风即可组成一完整录放系统。

(2) 模拟信息存储重放音质极好，并有一定混响效果。

(3) 待机时低功耗(仅 0.5μA)，典型放音电流 15mA。

(4) 放音时间 20s，可扩充级联。

(5) 可持续放音，也可分段放音，最小分段 20s/160 段=0.125s/段，可分段数 160 段。

(6) 录放次数达 10 万次。

(7) 断电信息存储，无需备用电池，信息可保 100 年。

(8) 操作简单，无需专用编程器及语音开发器。

(9) 高优先级录音，低电平或负边沿触发放音。

(10) 单电源供电，典型电压+5V。

2. 内部接口介绍

ISD1420 语言芯片内部结构框图如图 3-29 所示。

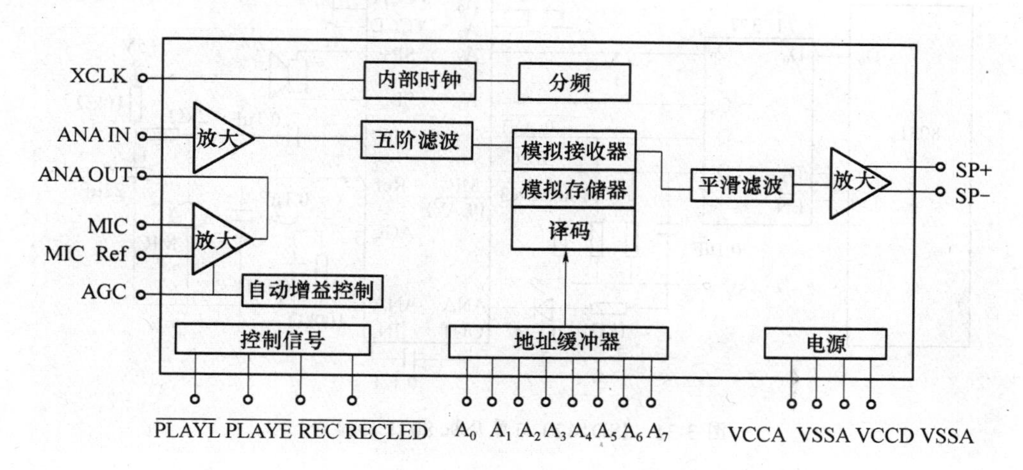

图 3-29　ISD1420 语音芯片内部结构框图

3. ISD1420 封装及引脚介绍

ISD1420 引脚图如图 3-30 所示。

4. ISD1420 基本技术指标(均为典型值)

(1) 工作电源+5V。

(2) 静态电流<10μA。

(3) 工作电流 15mA。

(4) 信噪比 *S/N*=43dB。

(5) 录音时间长度为 20s

(6) 每基本段时间长度：20s/160 段=0.125s 段。

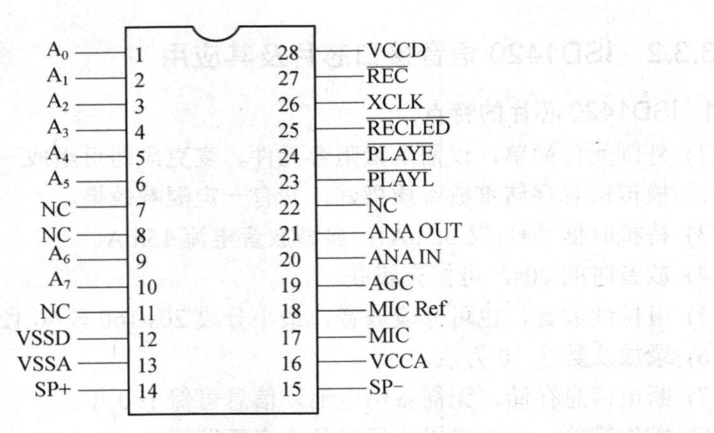

图 3-30　ISD1420 引脚图

5. ISD1420 与单片机接口举例

(1) 硬件连接，ISD1420 与单片机 8031 的接口如图 3-31 所示。

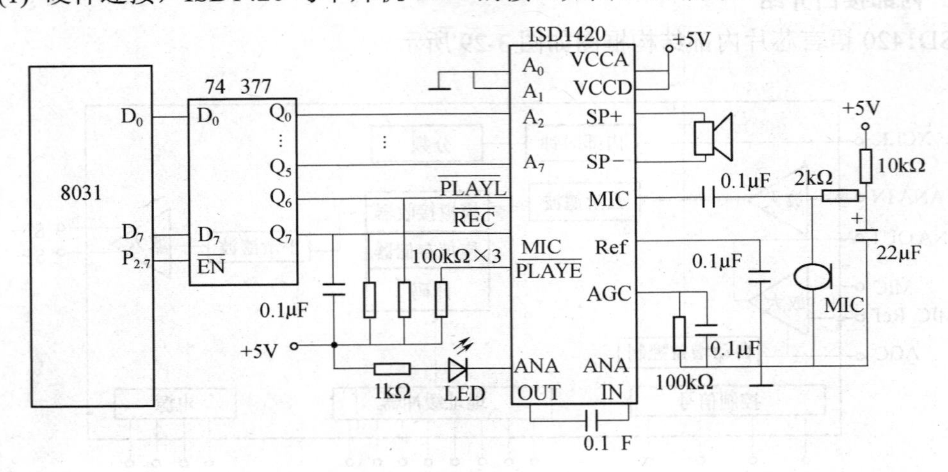

图 3-31　ISD1420 与单片机 8031 的接口

(2) 录入语音信息。

(3) 放音程序(见表 3-3 所列的语音分段及段控制码和表 3-4 所列的语音信息录放段控制码)。

表 3-3　ISN1420 语音分段及段控制码

74LS377	D_7	D_6	D_5	D_4	D_3	D_2	D_1	D_0	分段	段控制码
ISD1420	RD	PL	A_7	A_6	A_5	A_4	A_3	A_2		
录音	0	1	0	0	0	0	0	0	第 0 段	40H
	0	1	0	0	0	0	0	1	第 1 段	41H
	⋮	⋮	⋮	⋮	⋮	⋮	⋮	⋮	⋮	⋮
	0	1	1	0	0	1	1	0	第 38 段	66H
	0	1	1	0	0	1	1	1	第 39 段	67H

(续)

74LS377	D_7	D_6	D_5	D_4	D_3	D_2	D_1	D_0	分段	段控制码
ISD1420	RD	PL	A_7	A_6	A_5	A_4	A_3	A_2		
放音	1	0	0	0	0	0	0	0	第0段	80H
	1	0	0	0	0	0	0	1	第1段	81H
	⋮	⋮	⋮	⋮	⋮	⋮	⋮	⋮	⋮	⋮
	1	0	1	0	0	1	1	0	第38段	A6H
	1	0	1	0	0	1	1	1	第39段	A7H

表3-4　语音信息录放段控制码

语音信息	0	1	…	8	9	千	百	十	帕	当前水压	当前时间
录音段控制码(H)	40	41	…	48	49	4A	4B	4C	4D	4E	51
放音段控制码(H)	80	81	…	88	89	8A	8B	8C	8D	8E	91

6. ISD系列语音芯片应用中应注意的问题

(1) ISD系列器件所有地址端、控制端和TEST/CLD端必须可靠接高电平或低电平，而不能悬空，否则可能出现停止播放的情况。

(2) 为了充分发挥其优质高保真特点，应注意以下几点：

① AGC阻容，尽量靠近ISD，且连线尽量短。

② 电源线和地线宽度应在0.8mm以上。

③ 选用优质话筒。

④ 话筒信号耦合电容与连接MICREF端到模拟地的电容要相同。

⑤ 电源内阻低且无噪声。

(3) ISD的SP+、SP−端一定不要接地，只能接喇叭或悬空。

(4) 国内部分厂家语言芯片与ISD芯片标准信号对应如下：

① SR9F26——ISD1020A(硬封装)。

② SR9G16/SR9G26——ISD1416/ISD1420(硬封装)。

③ HY420/SRG26R——ISD1420(软封装)。

④ HY410——ISD1110(软封装)。

第 4 章　单片机后道电路的设计

在工业控制系统中，单片机总要对控制对象实现控制操作，因此，要有控制输出通道。

4.1 概　述

4.1.1　输出通道及其特点

输出通道是对控制对象实现控制操作的通道。它的结构和特点和控制对象与控制任务密切相关。根据控制对象对控制信号的要求，输出通道具有以下特点：

(1) 小信号输出、大功率控制。单片机输出功率较小，满足不了控制对象要求。因此，需要驱动电路对功率进行放大。

(2) 接近伺服驱动现场，环境恶劣。控制对象大多数是大功率的伺服驱动机构，电磁、机械干扰较为严重。这些干扰信号易从后向通道进入计算机系统。所以，后向通道的隔离对系统的可靠性影响很大。

4.1.2　输出通道的基本结构

输出通道的基本结构如图 4-1 所示。

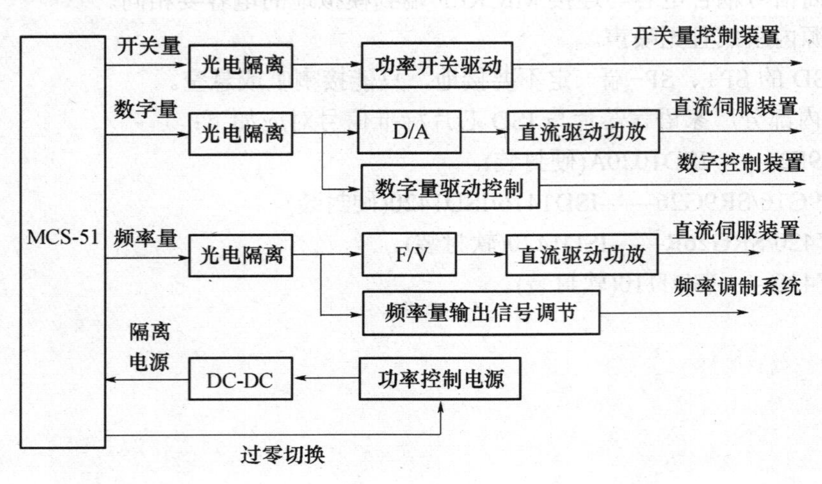

图 4-1　输出通道的基本结构

数字信号形态：主要有开关量、二进制数字量和频率量，可直接用于开关量、数字量和频率量的调制系统。

模拟量：D/A 转换成模拟量控制信号。

4.1.3　输出应解决的问题

(1) 功率驱动。将单片机输出的信号进行功率放大，以满足伺服驱动对功率的要求。

(2) 干扰防治。主要防治伺服驱动系统通过信号通道、电源以及空间电磁场对计算机系统的干扰。通常通过信号隔离、电源隔离和对大功率开关实现过零切换等方法进行干扰防治。

(3) D/A 转换。对于二进制输出的数字采用 D / A 转换；对于频率量输出则可以采用 F/V 转换器变换成模拟量。

4.2　单片机的功率接口电路设计

要用单片机控制各种各样的高压、大电流负载，如电机、电磁铁、继电器、灯泡等，不能用单片机的 I/O 线直接驱动，而必须通过各种驱动电路和开关电路来驱动。

另外，与强电隔离和抗干扰，有时需加接光电耦合器。称此类接口为 MCS-51 的功率接口。

4.2.1　单片机外围集成数字驱动电路

对于负载相对较小，可直接由 TTL、MOS 以及 CMOS 电路来驱动。

对于电阻性负载，只要加接合适的限流电阻和偏置电阻，即可直接由 TTL、MOS 以及 CMOS 电路来驱动。

驱动感性负载时，必须加接限流电阻或钳位二极管。此外，有些驱动器内部有逻辑门电路，可以完成与、与非，以及或非的逻辑功能。

例 4-1：慢开启的白炽灯驱动电路。

图 4-2 为慢开启白炽灯驱动电路，白炽灯的延时开启时间长短取决于时间常数 *RC*。此电路能直接驱动工作电压小于 30V、额定电流小于 500mA 的任何灯泡。

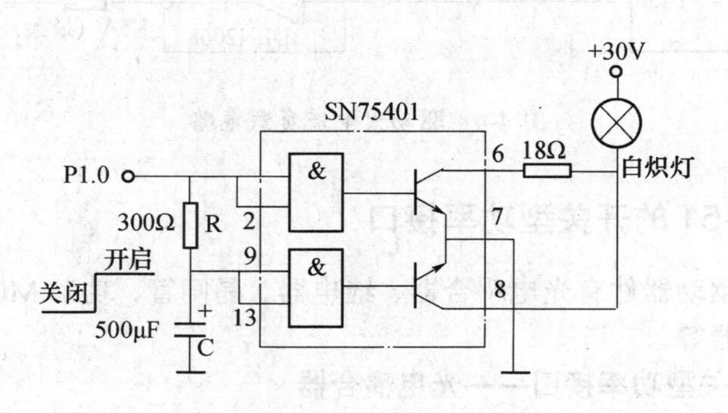

图 4-2　慢开启白炽灯驱动电路

例 4-2：大功率音频振荡器。

图 4-3 电路能直接驱动一个大功率的扬声器，可用于报警系统，改变电阻或电容的值便能改变电路的振荡频率。电路中的两个齐纳二极管 IN751A 用于输入端的保护。

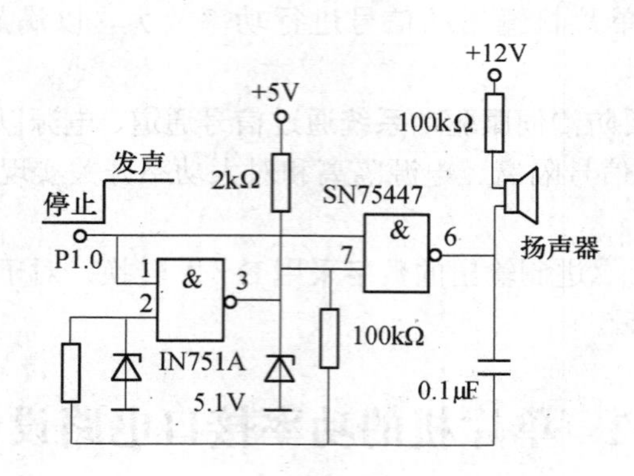

图 4-3　大功率音频振荡器

例 4-3：驱动大电流负载

驱动大电流负载电路如图 4-4 所示。ULN2068 芯片具有 4 个大电流达林顿开关，能驱动电流高达 1.5A 的负载。由于 ULN2068 在 25℃时功耗达 2075mW，因而使用时一定要加散热板。

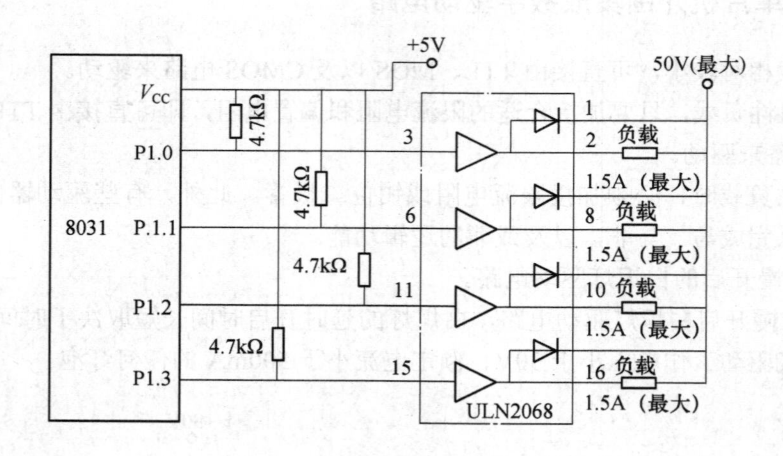

图 4-4　驱动大电流负载电路

4.2.2　MCS-51 的开关型功率接口

常用的开关型驱动器件有光电耦合器、继电器、晶闸管、功率 MOS 管、集成功率电子开关、固态继电器等。

1. 单片机的开关型功率接口——光电耦合器

1) 晶体管输出型光电耦合器驱动接口

(1) 信号隔离用光耦合器件。

信号隔离用的光耦合器件，通常有两种形式，如图 4-5 所示。最简单的信号隔离光耦合器件(图 4-5(a))。以发光二极管为输入端，光敏三极管为输出端。这种器件一般用在 100kHz 以下的频率信号。如果基极有引出线，则可满足温度补偿、检测和调制要求。图 4-5(b)是高速光耦合器件的结构形式。输出部分采用 PIN 型二极管和高速开关管组成复合结构，有较高的响应速度。

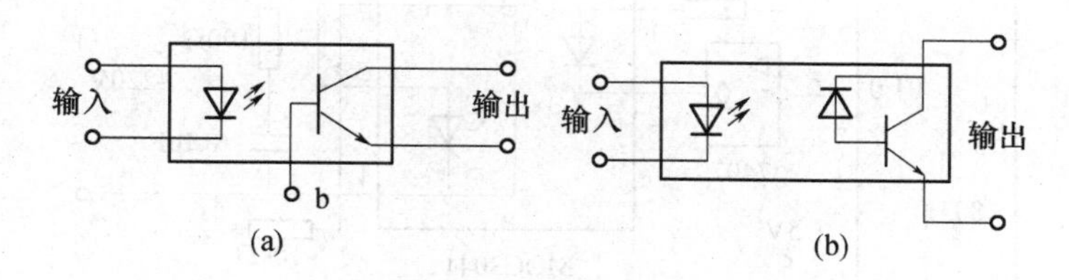

图 4-5　光耦合器件

图 4-6 为使用 4N25 光电耦合器接口电路图。4N25 使输出驱动与单片机主机系统的电流信号相互独立(隔离)。减少系统所受的干扰，提高系统的可靠性。4N25 输入输出端的最大隔离电压＞2500V。

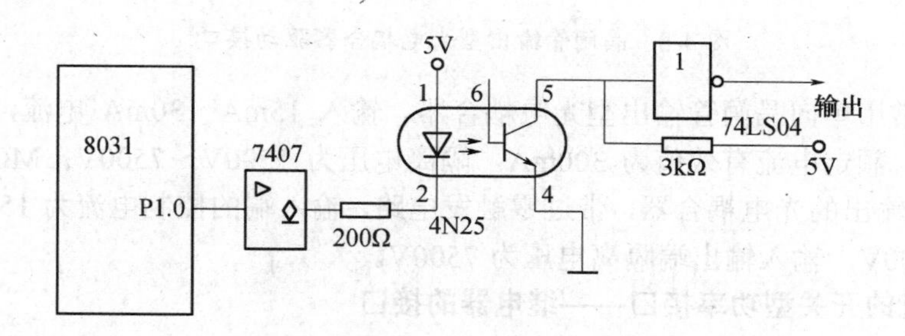

图 4-6　4N25 光电耦合器接口电路图

(2) 隔离驱动用光耦合器件。

做隔离驱动用的晶体管输出型的光耦合器件，主要有达林顿输出光耦合器件。如图 4-7 所示，其输出部分是以光敏感三极管和放大三极管构成的达林顿输出，可直接用于驱动较低频率的负载。

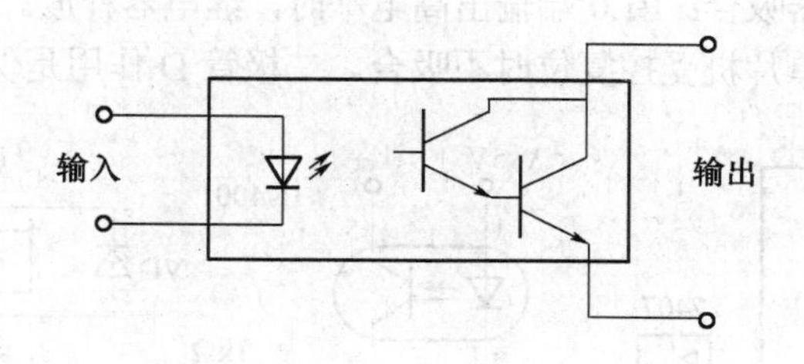

图 4-7　达林顿输出光耦合器件

2) 晶闸管输出型光电耦合器驱动接口

晶闸管输出型光电耦合器驱动接口如图 4-8 所示，输出端是光敏晶闸管或光敏双向晶闸管。当光电耦合器的输入端有一定的电流流入时，晶闸管即导通。有的光电耦合器的输出端还配有过零检测电路，用于控制晶闸管过零触发，以减少用电器在接通电源时对电网的影响。

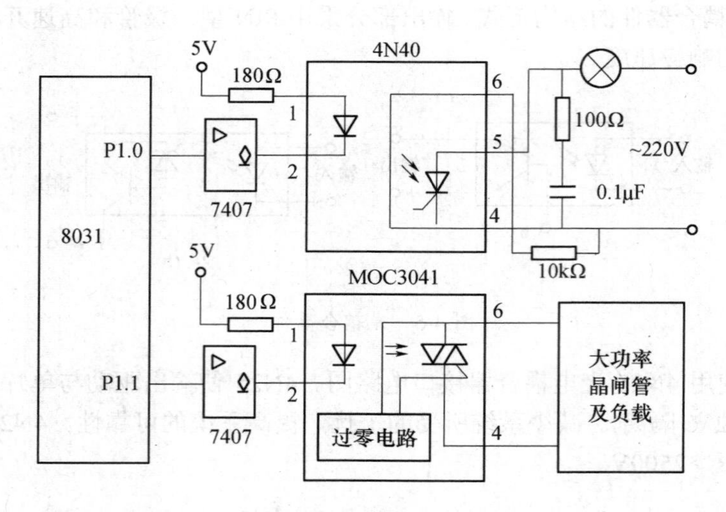

图 4-8　晶闸管输出型光电耦合器驱动接口

4N40 为常用单向晶闸管输出型光电耦合器。输入 15mA～30mA 电流，输出端额定电压为 400V，额定电流有效值为 300mA。隔离电压为 1500V～7500V；MOC3041 为常用双向晶闸管输出的光电耦合器，带过零触发电路，输入端的控制电流为 15mA，输出端额定电压为 400V，输入输出端隔离电压为 7500V。

2. 单片机的开关型功率接口——继电器的接口

1) 直流电磁式继电器功率接口

常用的继电器大部分属于直流电磁式继电器，也称为直流继电器。

一般用功率接口集成电路或晶体管驱动。在使用较多继电器的系统中，可用功率接口集成电路驱动，例如，SN75468，一片 SN75468 可驱动 7 个继电器，驱动电流可达 500mA，输出端最大工作电压为 100V。

图 4-9 所示为直流继电器的接口电路。继电器的动作由单片机 8031 的 P1.0 端控制。P1.0 端输出低电平时，继电器吸合；P1.0 端输出高电平时，继电器释放。采用这种控制逻辑可以使继电器在上电复位或单片机受控复位时不吸合。二极管 D 作用是保护晶体管 T。

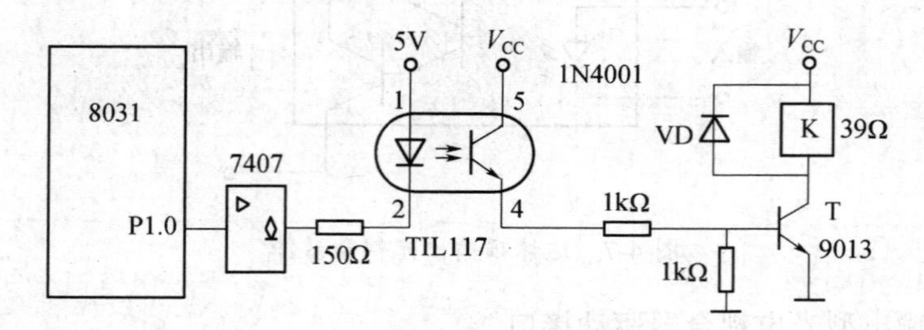

图 4-9　直流继电器的接口电路

2) 交电磁式接触器的功率接口

切换大电流，高电压的负荷时，需要电磁式继电器(称为接触器)。交流电磁式接触器由于线圈的工作电压要求是交流电，所以通常使用双向晶闸管驱动或使用一个直流继电器作为中间继电器控制。图 4-10 为交流接触器的双向晶闸管驱动接口电路图。图 4-11 为直流继电器作为中间继电器的交流接触器驱动接口电路图。

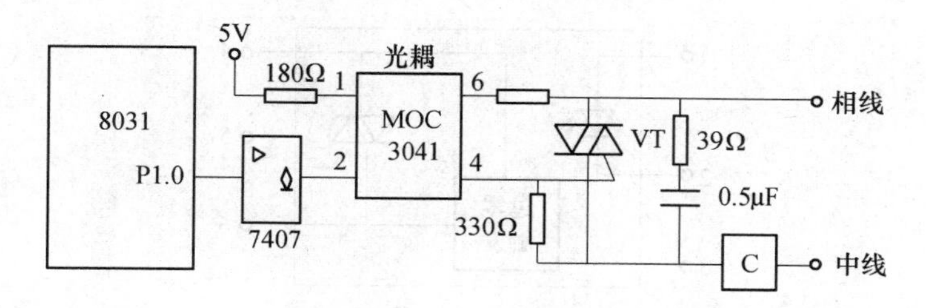

图 4-10　交流接触器的双向晶闸管驱动接口电路图

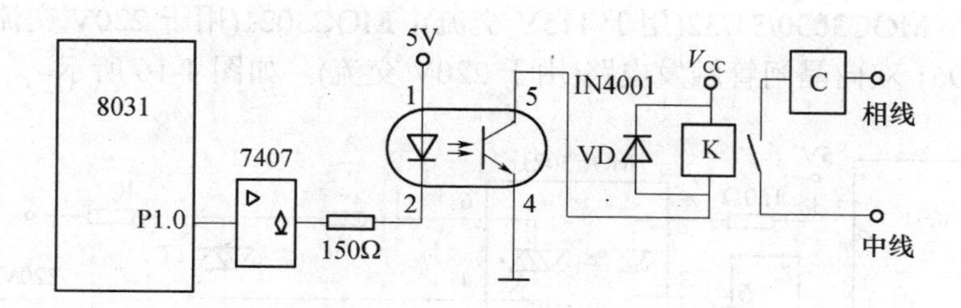

图 4-11　直流继电器作为中间继电器的交流接触器驱动接口电路图

3. 单片机的开关型功率接口——MCS-51 与晶闸管的接口

1) 单向晶闸管

晶闸管习惯上称可控硅(整流元件)(Silicon Controlled Rectifier，SCR)，这是一种大功率半导体器件，它既有单向导电的整流作用，又有可以控制的开关作用。利用它可用较小的功率控制较大的功率。在交、直流电机调速系统、调功系统、随动系统和无触点开关等方面均获得广泛的应用，如图 4-12 所示，晶闸管有 3 个电极：阳极 A、阴极 C、控制极(门极)G。

2) 双向晶闸管

如图 4-13 所示，相当于两个晶闸管反并联，应用于交流电路控制。

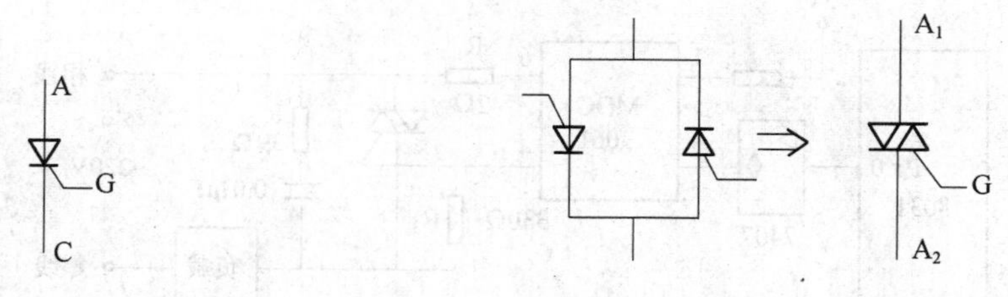

图 4-12　单向晶闸管的示意图　　　图 4-13　双向晶闸管的示意图

3) 光耦合双向晶管驱动器

它是单片机输出与双向晶管之间较理想的接口器件，由两部分组成。输入部分是一砷化镓 LED，该二极管在 5mA～15mA 正向电流作用下发出足够强度的红外光，触发输出部分。输出部分是一硅光敏双向晶管，在红外线的作用下可双向导通。该器件为六引脚双列直插式封装，其内部结构如图 4-14 所示。

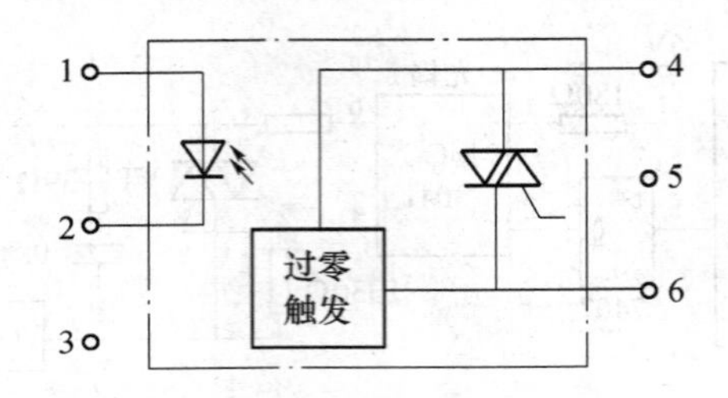

图 4-14 光耦合双向晶管驱动器内部结构图

常用型号：MOC3030/31/32(用于 115V 交流)；MOC3021(用于 220V 交流)，如图 4-15 所示；MOC3061 双向晶闸管触发电路(用于 220V 交流)，如图 4-16 所示。

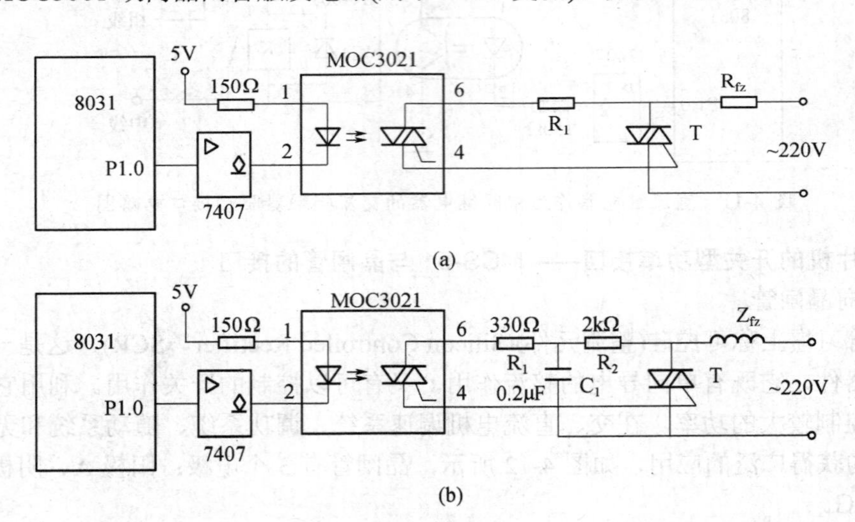

图 4-15 MOC3021 光耦合双向晶管电路

(a) 电阻性负载；(b) 电感性负载。

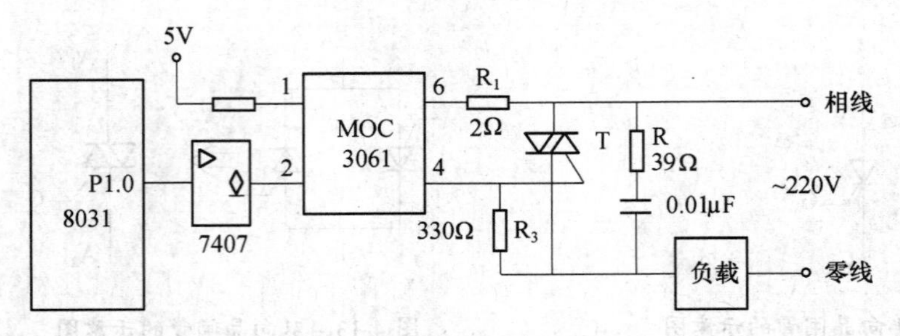

图 4-16 MOC3061 双向晶闸管触发电路

4.3 输出通道中的 D/A 电路设计

(1) D/A 转换器就是一种把数字信号转换成为模拟信号的器件。

(2) D/A 转换是单片机应用测控系统典型的接口技术内容。

D/A 转换接口设计的主要任务是选择 D/A 集成芯片，配置外围电路及器件，实现数字量到模拟量的线性转换。

4.3.1 D/A 转换器的选择要点

1. D/A 转换芯片主要性能指标的选择

D/A 转换器的主要性能指标，芯片器件手册上都会给出。

在 D/A 接口设计的实际应用中，用户在选择时主要考虑的是用位数(8 位、12 位)表示的转换精度和转换时间。

2. D/A 转换芯片的主要结构特性与应用特性选择

D/A 转换器的特性虽然主要表现为芯片内部结构的配置状况,但这些配置状况对 D/A 转换接口电路设计带来很大影响，主要有：

(1) 数字输入特性。数字输入特性包括接收数的码制、数据格式以及逻辑电平等。目前批量生产的 D/A 转换芯片一般都只能接收自然二进制数字代码。

(2) 数字输出特性。目前多数 D/A 转换器件均属电流输出器件，手册上通常给出的输入参考电压及参考电阻之下的满码(全 l)输出电流 I_0。另外还给出最大输出短路电流以及输出电压允许范围。

(3) 锁存特性及转换控制。D/A 转换器对数字量输出是否具有锁存功能将直接影响与 CPU 的接口设计。如果 D/A 转换器没有输入锁存器，通过 CPU 数据总线传送数字量时，必须外加锁存器，否则只能通过具有输出锁存功能的 I/O 给 D/A 送入数字量。

(4) 参考源。D/A 转换中，参考电压源是唯一影响输出结果的模拟参量，是 D/A 转换接口中的重要电路，对接口电路的工作性能、电路的结构有很大影响。

使用内部带有低漂移精密参考电压源的 D/A 转换器(如 AD588/ADl147)不仅能保证有较好的转换精度，而且可以简化接口电路。

4.3.2 D/A 转换器接设计的几点实用技术

目前，在 D/A 转换接口中常用到的 D/A 转换器大多不带有参考电压源。有时为了方便地改变输出模拟电压范围、极性，需要配置相应的参考电压源。故在 D/A 接口设计中经常要进行参考电压源的配置设计。

D/A 转换接口中常用的几种参考电压源电路如图 4-17 所示。

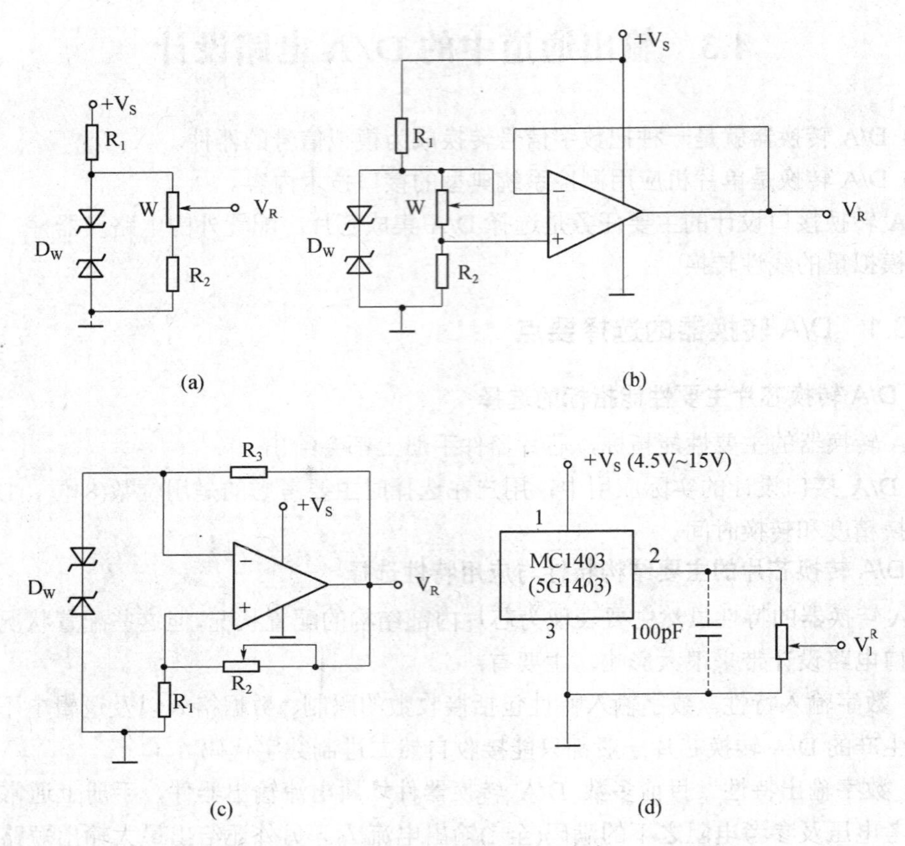

图 4-17　D/A 转换接口中常用的几种参考电压源电路

4.4　执行器类型

1. 电气式

如步进电机、直流伺服电机、交流伺服电机、直线电机、电磁阀等。

2. 液压式

如液压油缸、液压马达等输出功率较大，低速下运行平稳。

3. 气动式

如汽缸、气压马达等，质量较小，宜于远距离传输及控制。

4. 其他新型执行装置

高磁性材料、化学法制作绕组、硅技术等特殊材料。

各种微型电机，压电、静电、形状记忆合金(SMA)、橡胶、仿生型、超声波、超导等执行装置。

5. 电机(控制电机、伺服电机)与驱动卡

电机与驱动卡实物图如图 4-18 所示。

图 4-18　电机及驱动卡

4.5　应用举例

设计一个三相步进电机的单片机控制电路。

1. 步进电机工作原理

特点：它能接受步进电机脉冲的控制一步一步地旋转。

结构：步进电机的种类较多，如单相、双相、三相、四相、五相及六相等多种类型。本例以三相反应式步进电机为例来说明它的工作原理及工作方式。该电机的步距角为1.5°；最大静力矩为 50kgf • cm；最高空载起动频率为 550 步/s。三相步进电机的结构如图 4-19 所示。

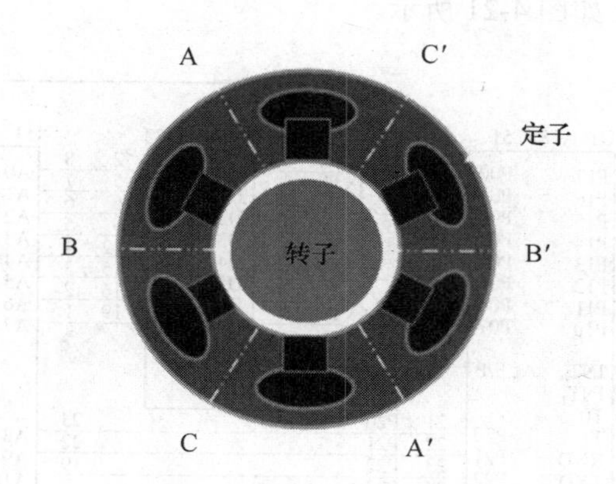

图 4-19　三相步进电机的结构图

步进电机的转子上均匀地分布着 40 个齿，齿间(齿距)夹角为 9°(360°/40)，定子上有 6 个大齿，相差 180°的两个大齿组成一相，共有 A、B、C 三相。每个大齿上有若干个与转子上一样的小齿。定子的每一相都有励磁绕组。

工作原理：当按一定规律循环给三相步进电机的 A、B、C3 个绕组供电，该电机将按要求的规律运转。

步进电机脉分配方式及通电顺序如下：

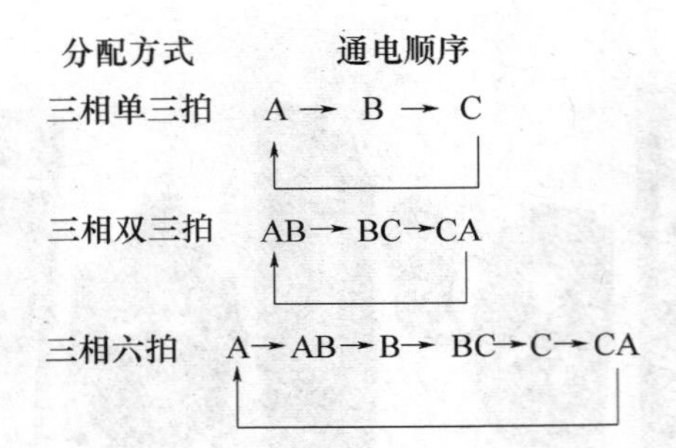

2. 控制电路总体方案设计

控制电路总体方案设计如图 4-20 所示，主要由单片机、控制电路、功率放大器及步进电机、传感器、人机接口电路等组成。

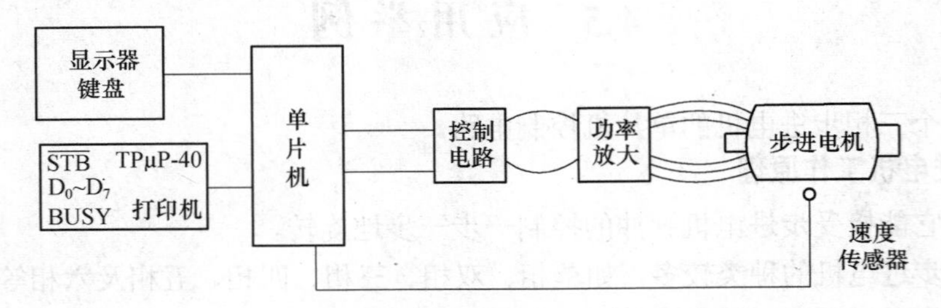

图 4-20 控制电路总体方案设计

3. 单片机主系统设计

单片机的主电路设计如图 4-21 所示。

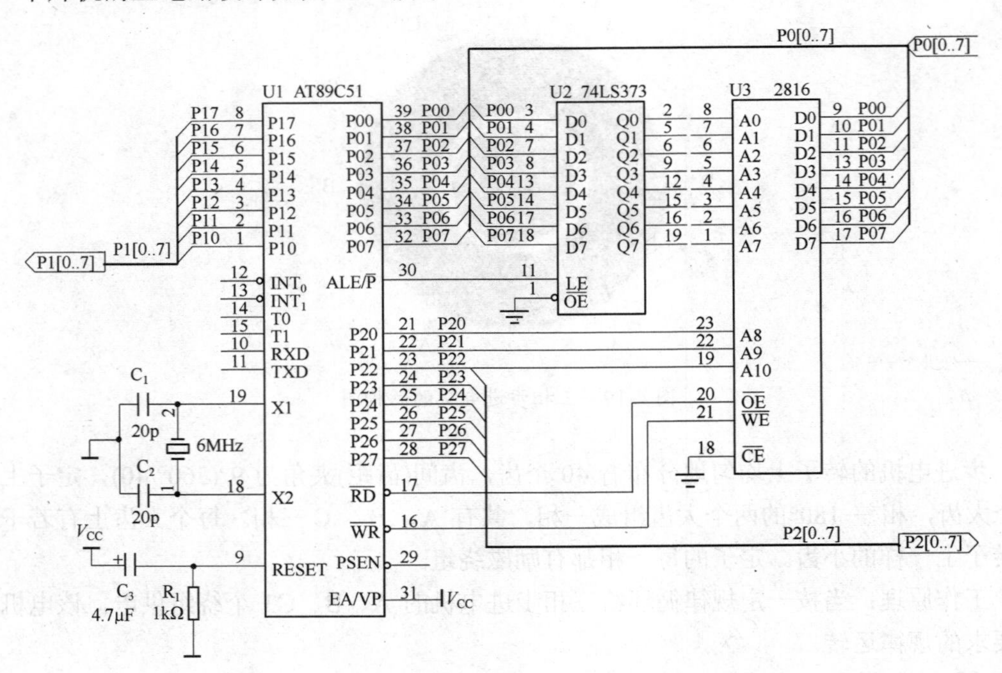

图 4-21 单片机的主电路设计

4. 显示器和键盘部分电路设计

显示器和键盘部分电路设计如图 4-22 所示。

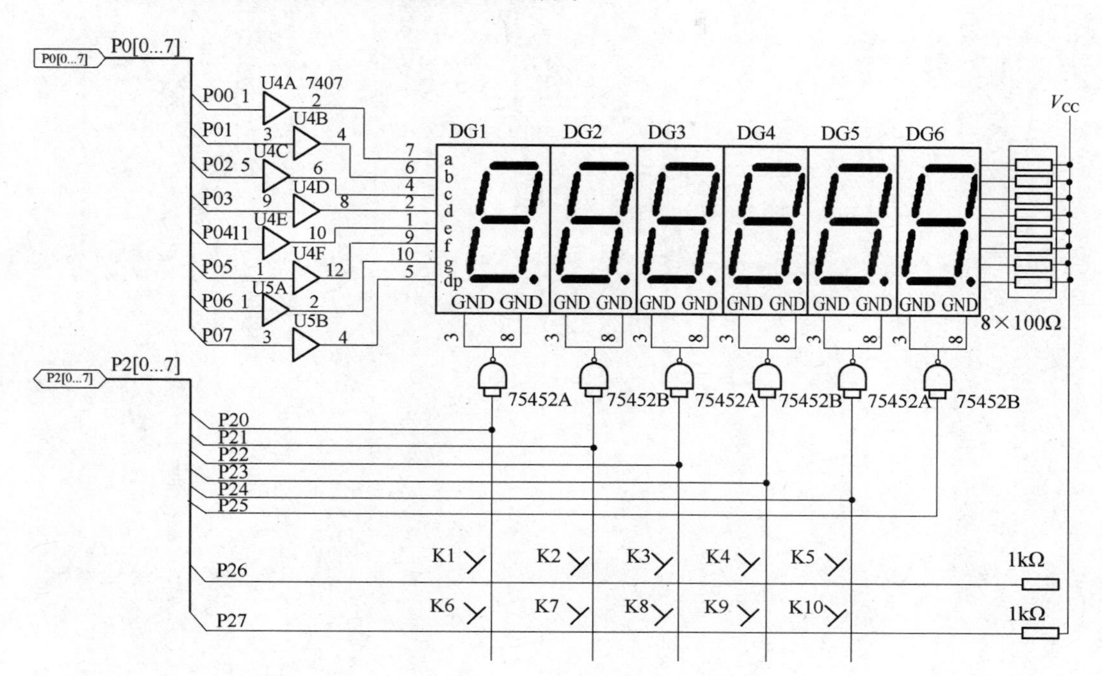

图 4-22　显示器和键盘部分电路设计

5. 步进电机驱动控制电路设计

步进电机驱动控制电路设计如图 4-23 所示。

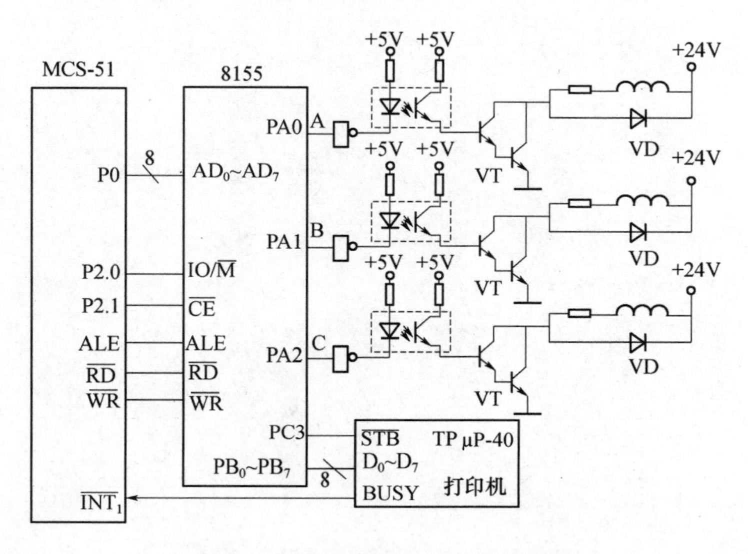

图 4-23　步进电机驱动控制电路设计

仿真篇

第 5 章　基于伟福仿真器的单片机硬件仿真

5.1　常用仿真头介绍

5.1.1　POD8X5XP 仿真头

仿真头结构如图5-1所示。

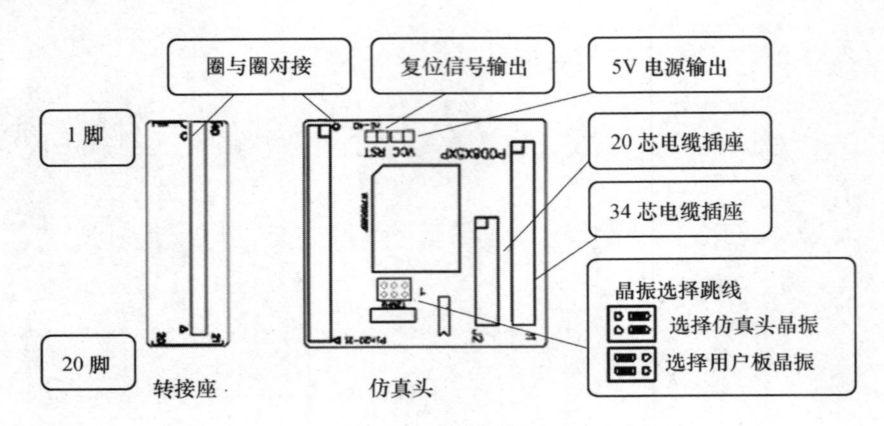

图 5-1　POD8X5XP 仿真头结构

POD8X5XP 仿真头为 POD8X5X 改进型。可配 E2000 系列、E6000 系列、K51 系列仿真器，用于仿真 MCS51 系列及兼容单片机，可仿真 CPU 种类为 8031/32、8051/52、875X、89C5X、89CX051，华邦的 78E5X，LG 的 97C51/52/1051/2051。配有 40 脚 DIP 封装的转接座，可选配 44 脚 PLCC 封装的转接座，如图 5-2 所示。选配 2051 转接座可仿真 20 脚 DIP 封装的 89CX051CPU。

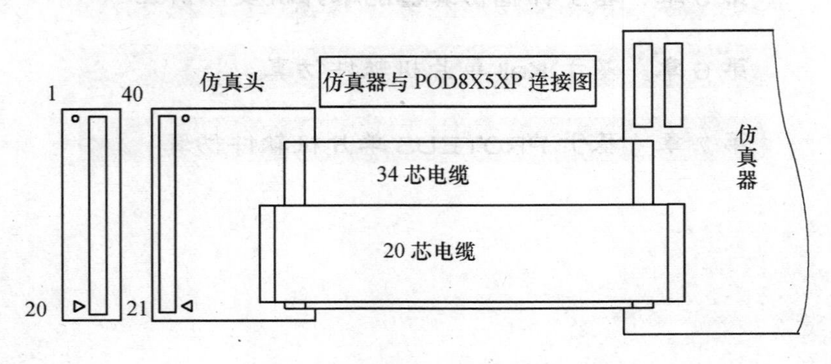

图 5-2　伟福仿真器与仿真头的连接

当用户板功耗不大时，可以短接 5V 电源输出跳线，由仿真器供电给用户板，一般情况下请不要短接此跳线。如果短接复位信号输出跳线，当用软件复位程序时，仿真头的复位脚会输出一个复位信号，以复位用户板的其他器件。注意：如果用户板有复位电路，请不要短接此跳线。

5.1.2　PODH8X5X / PODH591 仿真头

PODH8X5X运用PHILIPS授权的HOOKS技术，用PHILIPS芯片作为仿真芯片，来仿真各类与MCS51 兼容的MCU，仿真头的原有的P87C52可仿真通用的MCS51系列芯片，可以将P87C52 换成PHILIPS的P89C51Rx+或P89C51Rx2来仿真相应的MCU，也可以换成PHILIPS 的P89C66x 用于仿真PHILIPS 的P89C66x 系列MCU。因为P89C51RD2 和P89C66X 内部带有扩展RAM，可以借用P89C51RD2 或P89C66x 来仿真带扩展RAM 的CPU，例如Winbond的78E58B、78E516 等。PODH8X5X / PODH591仿真头结构如图5-3所示。

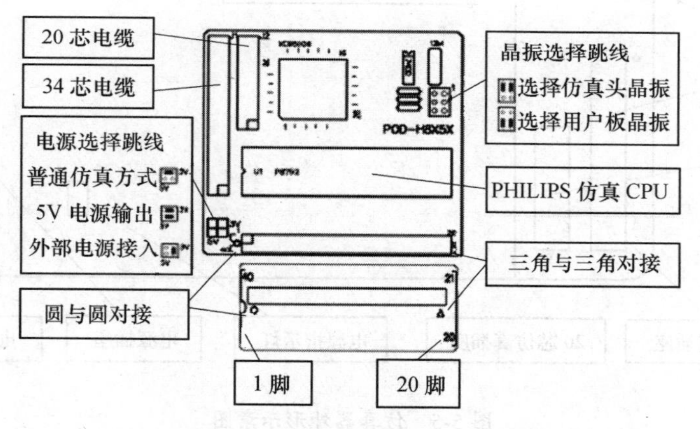

图 5-3　PODH8X5X / PODH591 仿真头结构

PODH8X5X 可以从外部引入仿真电源，来仿真2.7V～5.5V用户电压，当用户需要仿真低电压时，将“电源选择跳线”接成“外部电源接入”方式即可。仿真头的低电压由用户板提供。注意：当用户想仿真低电压时，仿真头上的仿真CPU必须能工作于低电压状态。仿真器与PODH8X5X 仿真头连接如图5-4所示。

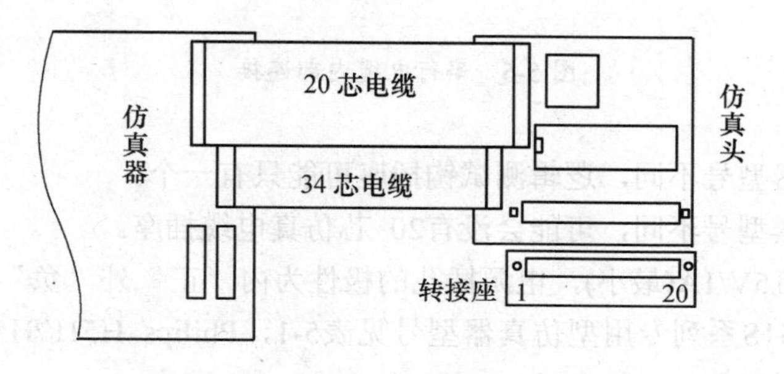

图 5-4　伟福仿真器与 PODH8X5X 仿真头连接图

5.2 伟福仿真器与PC的连接及相关注意事项

(1) 仿真器使用9引脚串行口，与PC用两头为孔的串行电缆连接。对于一些只有USB口而没有串口的计算机，可以使用USB转串口电缆将USB 转成串行口。如图5-5所示。串行电缆的连接如图5-6所示。

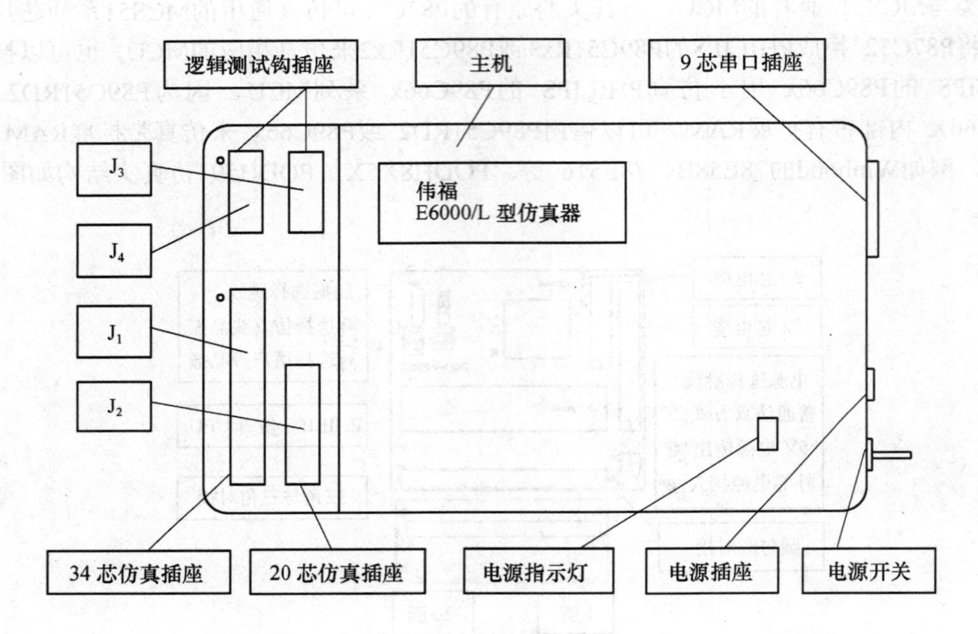

图 5-5 仿真器外形示意图

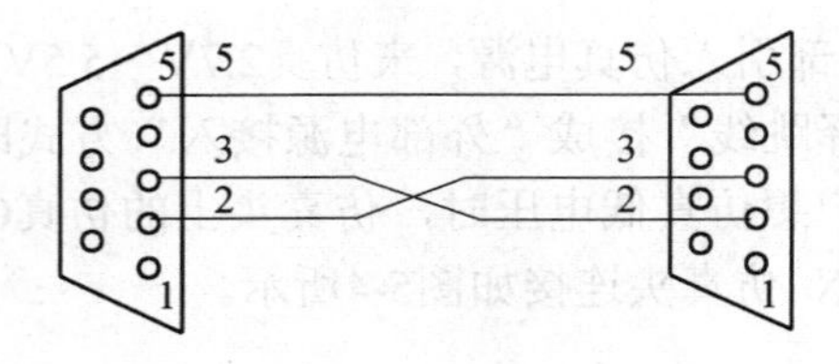

图 5-6 串行电缆内部连接

(2) 根据仿真器型号不同，逻辑测试钩插座可能只有一个。

(3) 根据仿真器型号不同，可能会没有20 芯仿真电缆插座。

(4) 电源为直流5V/1A(最小)，电源插孔的极性为内“正”外“负”。

K51L/K51T/K51S系列专用型仿真器型号见表5-1，Philips H51L/H51T/H51S 系列专用型仿真器型号见表5-2。

表 5-1 K51L/K51T/K51S 系列专用型仿真器型号

仿真器型号	功 能	可配仿真头
K51/S	51系列专用仿真器(Bondout仿真技术) 运行时间统计 最高仿真频率可达40MHz 逻辑笔(选配件) Windows版本、DOS版本双平台、Keil uV2环境	POD8X5XP，用于仿真8X5X系列单片机，(P_0口和P_2口可做总线和I/O口用)
K51/T	含K51/T所有功能 跟踪器	
K51/T	含K51/S所有功能 逻辑分析仪(外接8路，逻辑探钩为选配件)	

表 5-2 Philips H51L/H51T/H51S 系列专用型仿真器型号

仿真器型号	功 能	可配仿真头
H51/S	Philips Hooks专用仿真器(Hooks仿真技术) 2.7V～5.5V宽电压 0～24MHz宽频率 WAVE6000及Keil uVision双平台	PODH8X5X，用于仿真通用的8X5X芯片及Philips的40脚及44脚51指令集芯片 PODH591(选配)，用于仿真Philips的87C591芯片
H51/T	含H51/S所有功能 跟踪器	
H51/T	含H51/T所有功能 逻辑分析仪(外接8路，逻辑探钩为选配件)	

5.3 WAVE6000 软件的安装

(1) 将光盘放入光驱，光盘会自动运行，出现安装提示。

(2) 选择“安装”软件。

(3) 按照安装程序的提示，输入相应内容。

(4) 继续安装，直至结束。

若光驱自动运行被关闭，用户可以打开光盘的\ICESSOFT\E2000W\目录(文件夹)，执行SETUP.EXE，按照安装程序的提示，输入相应的内容，直至结束。在安装过程中，如果用户没有指定安装目录，安装完成后，会在C盘建立一个C:\WAVE6000 目录(文件夹)，结构见表5-3。

表 5-3 安装完成文件目录

目 录	内 容
C:\WAVE6000	
├BIN	可执行程序及相关配置文件
├HELP	帮助文件和使用说明
└SAMPLES	样例和演示程序

5.4 编译器安装

伟福仿真系统已内嵌汇编编译器(伟福汇编器)，同时留有第三方的编译器的接口，方便用户使用高级语言调试程序，编译器请用户自备。

安装MC51 系列CPU 的编译器方法如下：

(1) 进入C盘根目录，建立C:\COMP51 子目录(文件夹)。

(2) 将第三方的51 编译器复制到C:\COMP51子目录(文件夹)下。

(3) 在“主菜单| 仿真器| 仿真器设置| 语言”对话框的。

“编译器路径”指定为C:\COMP51。

如果用户将第三方编译器安装在硬盘的其他位置，请在“编译器路径”指明其位置，例如：“C:\KEIL\C51\”。

5.5 伟福仿真系统的开发环境

开发环境如图5-7所示。

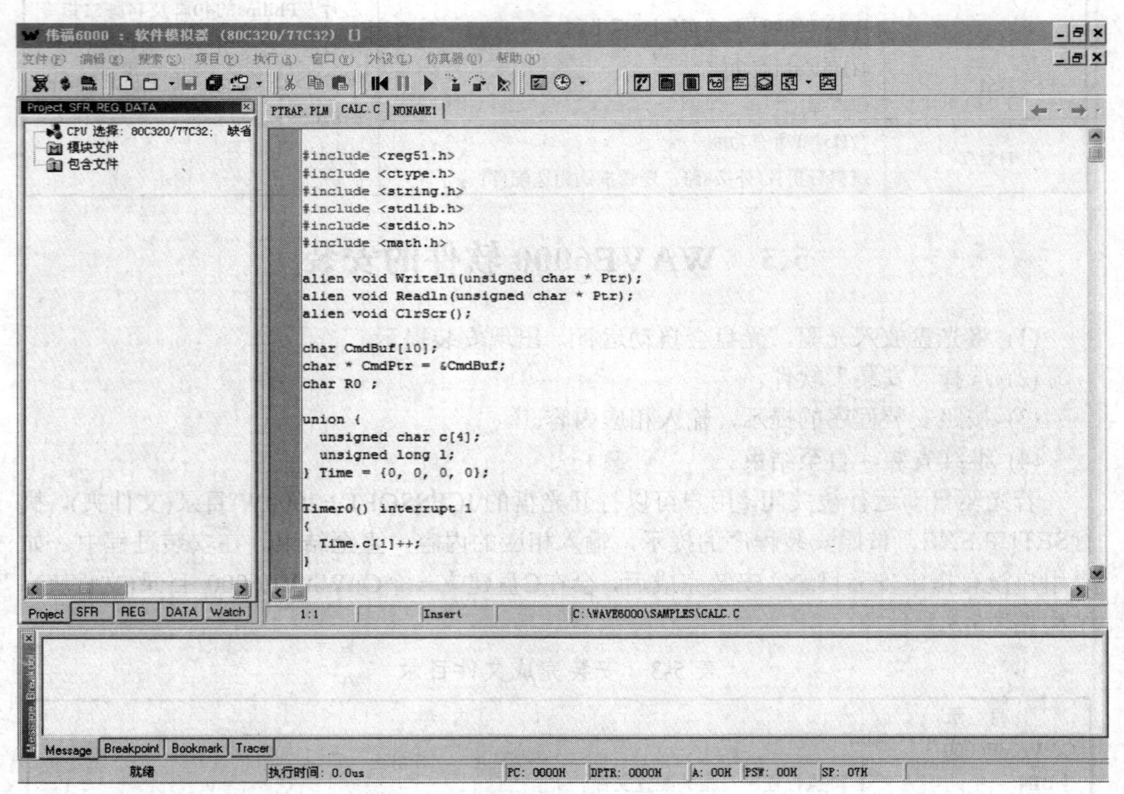

图 5-7 开发环境

5.5.1　仿真器的设置

伟福开发环境的项目文件包括仿真器设置、模块文件、包含文件。

仿真器设置包括仿真器类型、仿真头(POD)类型、CPU类型，显示格式和产生的目标文件类型可以用以下几种方法设置仿真器。

(1) 在项目窗口中双击第一行，将打开仿真器设置窗口，对仿真器进行设置。

(2) 单击鼠标右键，在弹出菜单中选择“仿真器设置”。

(3) 主菜单 仿真器|仿真器设置，加入模块文件。

(4) 单击鼠标右键，在弹出菜单中选择“加入模块文件”。

(5) 主菜单 项目|加入模块文件，加入包含文件。

(6) 按鼠标右键，在弹出菜单中选择“加入包含文件”。

(7) 主菜单项目|加入包含文件。

用户可以将以前单文件方式仿真转为Windows下的项目方式进行仿真，方法如下：

(1) 主菜单 文件|新建项目，在新建项目时，前一个项目自动关闭。

(2) 加入模块文件时，选择要调试的程序文件名，将文件加入项目。

(3) 将项目存盘。

(4) 编译，运行，调试项目。

所涉及的相关文件的操作如下：

(1) 文件|保存项目：将用户项目存盘。用户在编译项目时，自动存盘。注意：当用项目仿真时，系统要求项目文件，模块文件，包含文件在同一个目录(文件夹)下。

(2) 文件|新建项目：当用户开始新的任务时，应新建一个项目，在项目中，设置所用仿真器类型，POD类型，加入用户程序(模块)。

(3) 文件|关闭项目：关闭当前项目，如果用户不想用项目方式调试单个程序，就要先关闭当前项目。

(4) 文件|项目另存为：将项目换名存盘，此方法只是将项目用另一个名字，而不会将项目中的模块和包含文件换成另一个名字存盘。如果想将整个项目及模块存到另一个地方，请用复制项目方法。

(5) 文件|复制项目：复制项目，用户可以将项目中的所有模块(用户程序)备份到另一个地方。在多模块项目中，用复制项目功能，可以避免用户因为少复制某些模块，而造成项目编译不能通过，方便用户对程序进行管理。

(6) 复制项目对话框：“从项目”栏中为当前被复制项目，包括项目中各模块，包含文件，如果不是复制当前项目，可以通过“浏览”找到所要复制的项目，“到目标路径”中为项目复制到何处，可以通过其后的“浏览”指定将项目复制到其他地方。

(7) 文件|调入目标文件：装入用户已编译好目标文件。系统支持两种目标文件格式，二进制格式(BIN)、英特尔格式(HEX)。

地址选择一般为默认地址(由编译器定)。如果想在当前项目已编译好的二进制代码中插入一段其他代码，取消选中“默认地址”复选框，然后填入开始插入的地址和结束地址。用调入目标文件的方法，可以调试已有的二进制代码程序，而不需要源程序。

直接调入目标文件进行仿真的方法如下:

(1) 关闭项目。

(2) 在新建的项目中，设置仿真器类型、仿真头类型、CPU类型。

(3) 调入目标文件(不要用加入模块方式，而是直接调入文件)。

(4) 打开CPU 窗口，在CPU 窗口中就可以看见目标文件反汇编生成的程序。

(5) 程序停在与CPU 相关的地址上(51 系列停在0000H处，96系列停在2080H)。

(6) 这样就可以单步或全速调试程序了。

目标文件可以存成两种格式:

二进制格式(BIN)：由编译器生成的二进制文件，也就是程序的机器码。

英特尔格式(HEX)：由英特尔定义的一种格式，用ASCII 码来存储编译器生成的二进制代码，这种格式包括地址、数据和校验。

“地址选择”一般为“默认地址”(由编译器定)。如果想要存盘的目标文件是由“调入目标文件”方式装入而不是由系统编译产生的代码，并已经修改，最好指定它的开始地址和结束地址，因为代码不是编译系统产生的。若系统不知道文件有多长而无法指定开始和结束地址则自己指定地址的方法是取消选中“默认地址”复选框，然后填入开始插入的地址和结束地址。

5.5.2 文件的操作

(1) 文件|打开文件：打开用户程序，进行编辑。如果文件已经在项目中，可以在项目窗口中双击相应文件名打开文件。

(2) 文件|保存文件：保存用户程序。用户在修改程序后，如果进行编译，则在编译前，系统会自动将修改过的文件存盘。

(3) 文件|新建文件：建立一个新的用户程序，在存盘的时候，系统会要求用户输入文件名。

(4) 文件|另存为：将用户程序存成另外一个文件，原来的文件内容不会改变。

(5) 文件|重新打开：在重新打开的下拉菜单中有最近打开过的文件及项目，选择相应的文件名或项目名就可以重新打开文件或项目。

(6) 文件|打开项目：打开一个用户项目，在项目中，用户可以设置仿真类型。加入用户程序，进行编译，调试。系统中只允许打开一个项目，打开一个项目或新建一个项目时，前一项目将自动关闭。

(7) 文件|反汇编：将可执行的代码反汇编成汇编语言程序。

(8) 文件|打印：打印用户程序。

(9) 文件|退出：退出系统，如果在退出以前有修改过的文件没有存盘，系统将会提示是否把文件存盘。

5.5.3 编辑操作

(1) 编辑|撤消输入：取消上一次操作。

(2) 编辑|重复输入：恢复被取消的操作。

(3) 编辑|剪切：删除选定的正文，删除的内容被送到剪贴板上。

(4) 编辑|复制：将选定的内容，复制到剪贴板上。

(5) 编辑|粘贴：将剪贴板的内容插入光标位置。

(6) 编辑|全选：选定当前窗口所有内容。

5.5.4 搜索操作

(1) 搜索|查找：在当前窗口中查找符号，字串。可以指定区分大小写方式，全字匹配方式，可以向上/向下查找。

(2) 搜索|在文件中查找：可以在指定的一批文件中查找某个关键字。

(3) 搜索|替换：在当前窗口查找相应文字，并替换成指定的文字，可以指定区分大小写方式和全字匹配方式查找，可以在指定处替换，也可以全部替换。

(4) 搜索|查找下一个：查找文字符号下一次出现的地方。

(5) 搜索|项目中查找：在项目所有模块(文件)中查找符号，字串。在项目所包含的文件比较多时，用此方法可以很方便地查到字串在什么地方出现。

(6) 搜索|转到指定行：将光标转到程序的某一行。

(7) 搜索|转到指定地址/标号：将光标转到指定地址或标号所在的位置。

(8) 搜索|转到当前PC所在行：将光标转到PC 所在的程序位置。

5.5.5 项目操作

(1) 项目|编译：编译当前窗口的程序。如有错误，系统将会指出错误所在的位置。

(2) 项目|全部编译：全部编译项目中所有的模块(程序文件)，包含文件。如有错误系统会指出错误所在位置。

(3) 项目|装入OMF文件：建好项目后，无须编译，直接装入在其他环境中编译好的调试信息，在伟福环境中调试。

(4) 项目|加入模块文件：在当前项目中添加一个模块。

(5) 项目|加入包含文件：在当前项目中添加一个包含文件。

5.5.6 执行操作

(1) 执行|全速执行：运行程序。

(2) 执行|跟踪：跟踪程序执行的每步，观察程序运行状态。

(3) 执行|单步：单步执行程序，与跟踪不同的是，跟踪可以跟踪到函数或过程的内部，而单步执行则不跟踪到程序内部。

(4) 执行|执行到光标处：程序从当前PC 位置，全速执行到光标所在的行。如果光标所在行没有可执行代码。则提示“这行没有代码”。

(5) 执行|暂停：暂停正在全速执行的程序。

(6) 执行|复位：终止调试过程，程序将被复位。如果程序正在全速执行，则应先停止。

(7) 执行|设置PC：将程序指针PC，设置到光标所在行。程序将从光标所在行开始执行。

(8) 执行|自动单步跟踪/单步：模仿用户连续按F7 或F8 单步执行程序。

(9) 执行|编辑观察项：观察变量或表达式的值，可以将需要检查和修改的值或表达式放到观察窗口里以便检查和修改。

说明：

① 表达式：用于输入用户所要求值的表达方式。

② 重复次数：如果表达方式为某一存储变量，重复次数不是一次变量开始的连续N个地址的值。

③ 显示格式：指定用何种方式显示表达式的值。

④ 存储区域：指明变量所在的区域。

⑤ 显示类型：指定表达式为何种类型的变量。

⑥ 默认方式显示：按照高级语言定义的方式显示。

⑦ 存储器内容：以内存方式先是观察内容，也就是按地址顺序显示变量值，与变量类型无关。

⑧ 求值：对表达式求值，并按显示格式显示在窗口内。

⑨ 加入观察：将表达式加入观察窗口中，以便随时察看。

⑩ 编辑观察：当修改过窗口内容后，按此键后，替代观察窗口中的原观察项，如果选择“加入观察”，则会在观察窗口中另加一个变量的观察项，以两种格式观察一个变量。

⑪ 取消：关闭编辑观察项窗口。

(10) 执行|设置/取消断点：将光标所在行设为断点，如果该行原来已为断点，则取消该断点。所有断点通过断点窗口进行管理。四种方法可以在光标处设置断点：

① 将光标移到编辑窗口内左边的空白处，光标变成“手指圆”箭头，单击鼠标左键，可以设置/取消断点。

② 使用Ctrl+F8 快捷键，可以在光标所在行设置/取消断点。

③ 单击鼠标右键，弹出菜单，选择设置/取消断点。

④ 主菜单执行/设置取消断点，也可以用Alt+R/B 菜单快捷设置取消断点。

执行| 清除全部断点：清除程序中所有的断点。让程序全速执行。

5.5.7 窗口的观察

(1) 窗口|刷新：刷新打开的所有窗口，及窗口里的数据。窗口| 项目窗口打开项目窗口，以便在项目中加入模块或包含文件。

(2) 窗口|信息窗口：显示系统编译输出的信息。如果程序有错，会以图标形式指出。

(3) 窗口|观察窗口：项目编译正确后，可以在观察窗口中看到当前项目中的所有模块，及各模块中的所在过程和函数，及各个过程函数中的各个变量，结构。如果能充分利用观察窗口的强大功能，可以加快开发速度。

(4) 窗口|CPU窗口：反汇编窗口的弹出菜单。

执行到光标处：使程序从当前PC 值，全速执行到光标所在行，用这种方法可以在调试程序时，跳过一些不必要的指令，将程序停到所要求的位置上。

转到指定地址/标号：将光标跳到某个地址或标号所在位置，以便察看相应的程序，或使用“执行到光标处”功能，也可以设置断点，将程序全速执行到相应位置。

转到当前PC所在行：将光标跳到PC所在行，由于在检查程序时，可能会将PC所在行移出当前窗口，用这种方法可找回PC 所在行。

取消/设置断点：在光标所在行，设置断点，使程序全速执行到此处，若此行已是断点，再次单击将取消该断点。

寄存器窗口的弹出菜单。

加入观察：将当前寄存器放入观察窗口，以方便随时察看。

修改：修改当前寄存器值，在程序执行时，可以用这种方法，把寄存器值改为你所指定的值，从而观察程序在此值时运行的结果。

窗口| 数据窗口：数据窗口根据选择的CPU 类型不同，名称有所不同。

51系列有以下四种数据窗口：DATA 内部数据窗口；CODE 程序数据窗口；XDATA 外部数据窗口；PDATA外部数据窗口(页方式)。

以51系列为例说明数据窗口(图5-8)的操作方法，其他CPU类型的数据窗口基本相同。

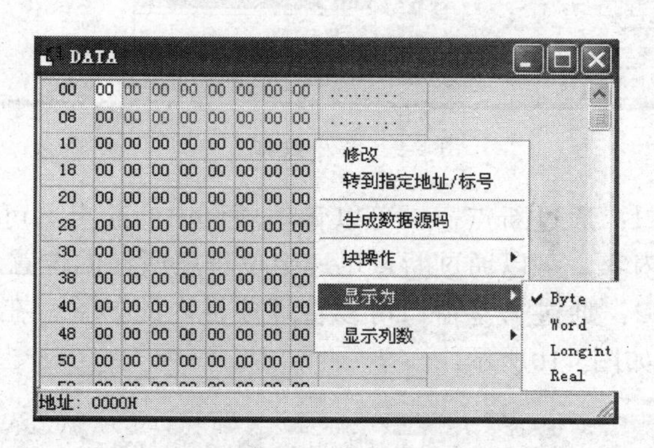

图 5-8　内部数据窗口

在内部数据窗口中可以看到CPU 内部的数据值，红色的为上一步执行过程中，改变过的值，窗口状态栏中为选中数据的地址，可以在选中的数据上直接修改数据的十六进制值，也可以用弹出菜单的修改功能，修改选中的数据值。

对弹出窗口的操作如下：

(1) 修改：修改选中数据的值，可以输入十进制，十六进制，二进制的值，与直接修改不同的是，用这种方法可以输入多种格式数据，而直接修改只能输入十六进制数据。46(十进制)、2EH(十六进制)、00101110B(二进制)都是有效的数据格式。

(2) 转到指定地址/标号：将数据地址直接转到指定的地址和标号所在的位置。

(3) 生成数据源码：将窗口中某段数据转换成源程序方式的数据，可以贴到源程序中。

(4) 块操作：对窗口中的数据块进行填充、移动、写文件、读入等操作。

(5) 显示为：选择不同的数据类型显示数据内容，可以是字节方式(Byte)，也可以是字方式(Word，两字节)，可以是长整型(Longint，四字节)，也可以是实数型(Real，四字节)。这里是选择整个窗口的显示方式，如果想指定个别数据的显示方式，可以用主菜单

“执行|编辑观察项”功能，选择所要选择的显示类型(参见编辑观察项窗口)。

(6) 显示列数：将窗口中数据以4列、8列、16列方式显示。适应不同需要。

程序数据窗口(图5-9)显示的是编译后程序码，状态栏显示的是选中数据的地址，可以对在选中数据上直接修改程序数据的十六进制值，也可以对程序数据进行“块填充”、“块移动”操作，也可以读入一段二进制代码插入程序数据中，也可以将程序数据中的某段代码写入文件中。

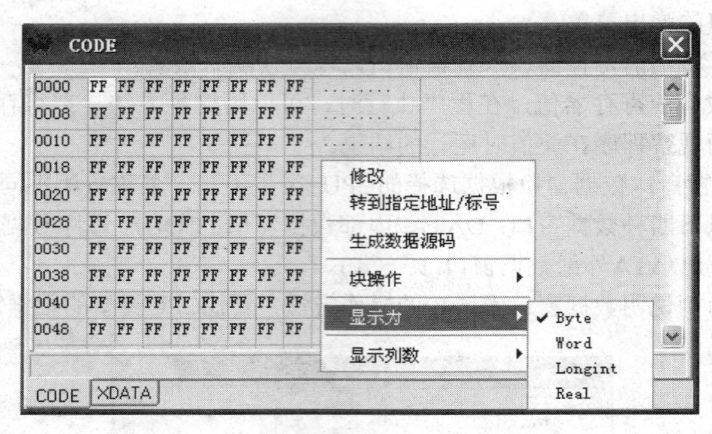

图 5-9　程序数据窗口

(1) 窗口|断点窗口：通过断点窗口可以管理项目内的断点。可以在断点窗口中直观地看到断点的行号，内容，可以通过断点迅速定位程序所在的位置。

(2) 窗口|书签窗口：通过书签窗口可以管理项目内的书签，在项目中迅速定位程序位置。窗口|跟踪窗口如图5-10所示。

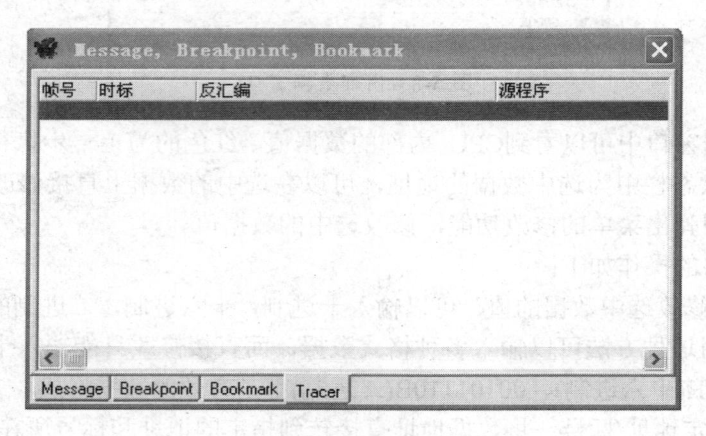

图 5-10　跟踪窗口

显示跟踪器捕捉到的程序执行的轨迹，其中可以看到帧号、时标、反汇编程序，对应的源程序和程序所在的文件名。

通过它，可以清楚地看到程序执行时，各端口输出的波形，迅速地帮助找出硬件和软件中设计错误。

(3) 窗口|工具条：通过工具条，可以打开/关闭菜单上的各功能的快捷按钮。

(4) 窗口|排列窗口：对打开的程序窗口进行管理。可叠排、坚排、横排、最小化源程序窗口。

5.5.8　对外设的操作

(1) 外设|端口：设置或观察当前端口的状态。

(2) 外设|定时器/计数器0：定义或观察定时器/计数器0，通过定义定时器/计数器的工作方式，自动生成相应的汇编/C 语言。可以“复制/粘贴”到程序中。如图5-11所示。

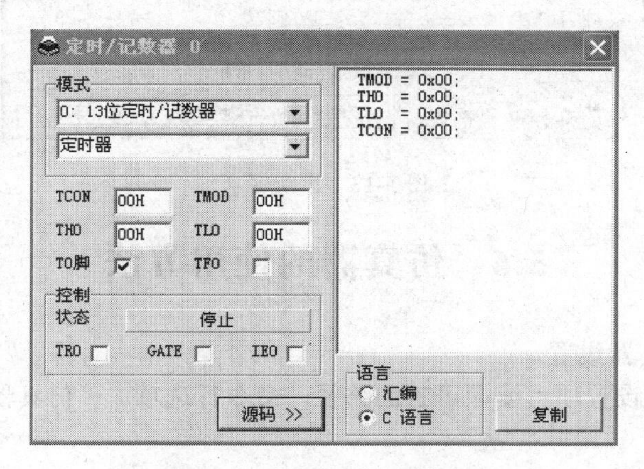

图 5-11　定时器/计数器窗口

(3) 外设|定时器/计数器1：定义或观察定时器/计数器1，通过定义定时器/计数器的工作方式，自动生成相应的汇编/C 语言。可以“复制/粘贴”到程序中。

(4) 外设|定时器/计数器2：定义或观察定时器/计数器2，通过定义定时器/计数器的工作方式，自动生成相应的汇编/C语言。可以“复制/粘贴”到程序中。

(5) 外设|串行口：定义或观察串行口的工作方式，可以观察串行口的工作方式是否正确，也可以定义串口的工作方式，自动生成串口初始化程序，如图5-12所示。

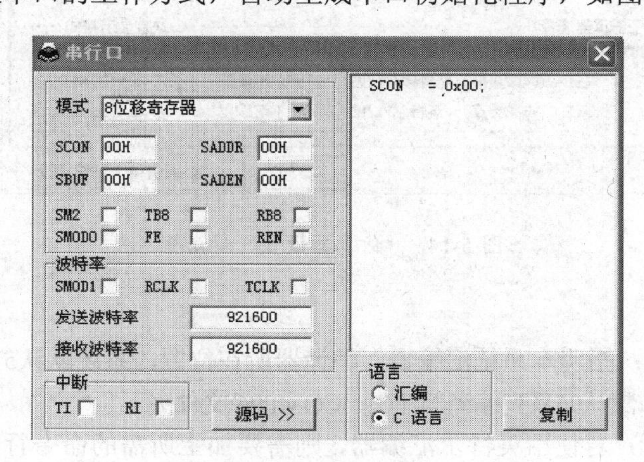

图 5-12　串行口窗口

(6) 外设|中断：管理或观察中断源，也可以辅助生成中断初始化程序。中断窗口如图5-13所示。

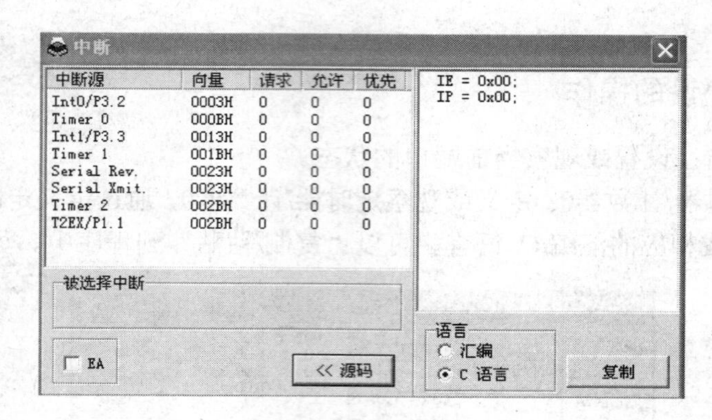

图 5-13　中断窗口

5.6　仿真器的使用方法

(1) 仿真器|仿真器设置。

(2) 语言设置：设置项目编译语言的路径，命令行选项。“仿真器设置”对话框如图5-14所示。

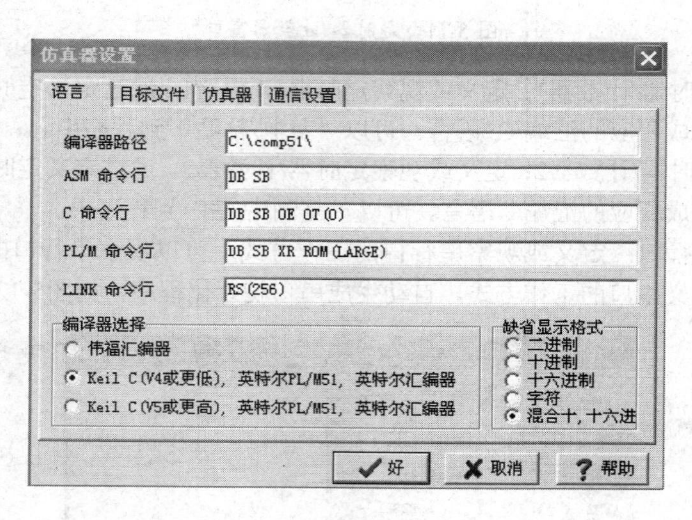

图 5-14　“仿真器设置”对话框

说明：

① 编译器路径：指明本系统汇编器，编译器所在位置，系统默认51系列编译器在C：\COMP51\文件夹下，默认96系列编译器在C：\COMP96\文件夹下。

② ASM命令行：若使用英特尔汇编器，则需要加上所需的命令行参数；若使用伟福汇编器，则需要选择是否使用伟福预定义的符号。在伟福汇编器中已经把51/96 使用的一

些常用符号，寄存器名定义为相应的值。如果使用伟福汇编器，就可以直接使用这些符号。如果自己已经定义了这些符号，又想使用伟福汇编器，取消选中“使用伟福预定义符号”复选框。

③ C命令行：项目中若有C 语言程序，系统进行编译时，使用此行参数对C程序进行编译。

④ PL/M命令行：项目中若有PL/M 语言程序，系统编译时，就使用此行参数对程序进行编译。

⑤ LINK命令行：系统对目标文件链接时，使用此参数链接。

注：除非对命令行参数非常了解，并且确实需要修改这些参数，一般情况下，不需要修改系统给出的默认参数，以免系统不能正常编译。

⑥ 编译器选择：选择使用伟福汇编器，还是英特尔汇编器，系统对C 语言程序和PL/M 语言编译是采用第三方编译器。一般情况下，如果用户项目中都是汇编语言程序，没有C 语言和PL/M 语言，选择伟福汇编器。如果用户项目中含有C语言或PL/M语言，或者汇编语言是用英特尔格式编写的，就选择英特尔汇编器。

⑦ 默认显示格式：指定观察变量显示的方式，一般为混合十/十六进制。

⑧ 选择仿真头：框内为相应仿真器能支持的仿真头类型，选择所使用的仿真头。

⑨ 选择CPU：框内为选择的仿真器和仿真头等进行仿真支持的CPU。

⑩ 使用伟福软件模拟器：使用伟福软件模拟器，可以在完全脱离硬件仿真器情况下，对软件进行模拟执行。如果使用硬件仿真器，请不要选择使用伟福软件。

⑪ 晶体频率：在使用伟福软件模拟功能时，用来计算在软件模拟环境下程序执行时间。在外设中串行口的波特率也是依据此频率计算出的。

⑫ 仿真头设置：可以设置该仿真头的特殊功能。包括仿真空间、看门狗、加密位等。仿真头(POD)类型不同，设置内容有所不同(见仿真头设置)。

如果按照以上方式，定义好后，系统已经将控制字写入2018H 及201AH(MC/MD)单元，即使用户在程序中自己定义控制字，系统并不采用，而是用此对话框设置为准，所以用户在仿真时和生成目标代码时，请用此对话框设置196系列的控制字。

帮助(H)；

帮助|关于；

帮助|chinese；

选择中文或英文显示方式，适应不同操作系统的需要；

帮助|安装MPASM；

辅助用户安装Microchip 的汇编器。将伟福BIN文件夹下的MPASM复制到指定的文件夹里。

5.7 快速入门举例

1. 建立新程序

建立的新程序，如图5-15所示。

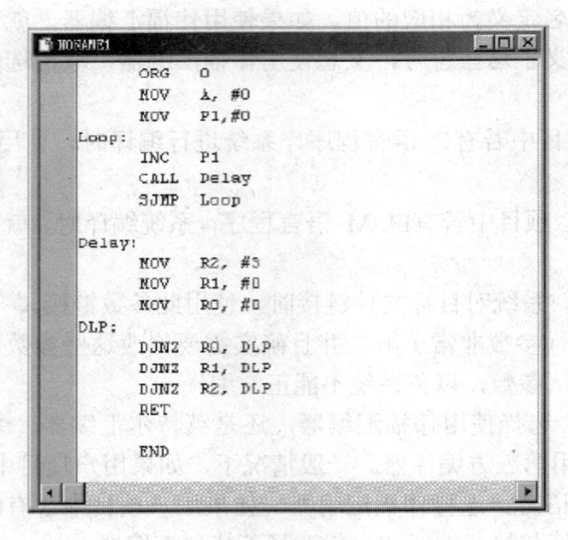

图 5-15　一个新程序示例

选择菜单“文件|新建文件”。

出现一个文件名为NONAME1 的源程序窗口，在此窗口中输入以下程序：

```
        ORG 0
        MOV  A，#0
        MOV  P1，#0
Loop:   INC  P1
        CALL  Delay
        SJMP  LOOP
Delay:  MOV  R2，#3
        MOV  R1，#0
        MOV  R2，#0
DLP:    DJNZ  R0，DLP
        DJNZ  R1，DLP
        DJNZ  R2，DLP
          RET
          END
```

输出程序后将此文件存盘。

2. 保存程序

选择菜单“文件|保存文件]或[文件| 另存为”，给出文件所要保存的位置，例如：C:\WAVE6000\SAMPLES 文件夹，再给出文件名MY1.ASM，保存文件。

3. 建立新的项目

新建项目会自动分三步走。

(1) 加入模块文件。在加入模块文件的对话框中选择刚才保存的文件MY1.ASM，单击“打开”。如果你是多模块项目，可以同时选择多个文件再打开。

(2) 加入包含文件。在加入包含文件对话框中，选择所要加入的包含文件(可多选)。如果没有包含文件，单击“取消”键。

(3) 保存项目。在保存项目对话框中输入项目名称，MY1无须加后缀，软件会自动将后缀设成“.PRJ”。单击“保存”键将项目存在与源程序相同的文件夹下。

4. 设置项目

选择菜单“设置|仿真器设置”或点击“仿真器设置”快捷图标或双击项目窗口的第一行来打开“仿真器设置”对话框，如图5-16所示。

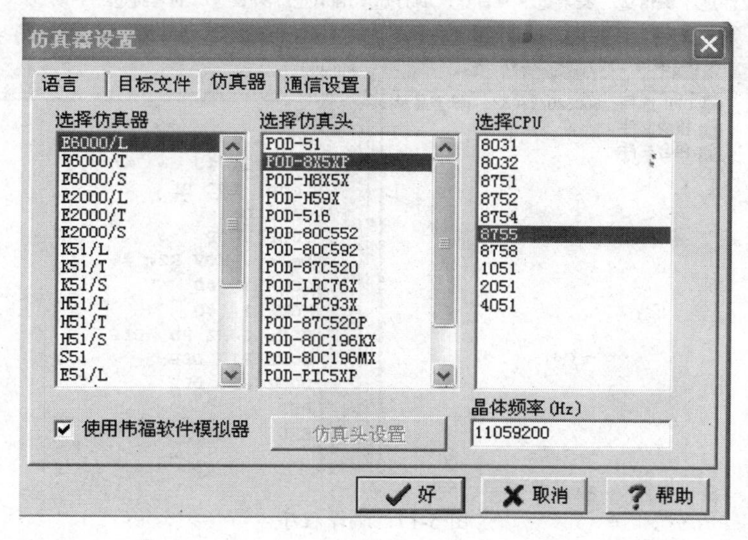

(a)

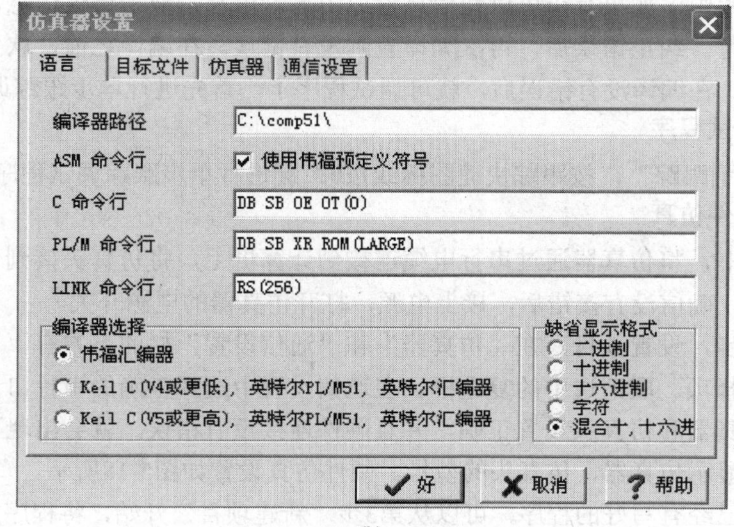

(b)

图 5-16　仿真器设置对话框

在“仿真器”栏中，选择仿真器类型和配置的仿真头以及所要仿真的单片机。在“语言”栏中，“编译器选择”根据本例的程序选择为“伟福汇编器”。如果程序是C语言或因特尔格式的汇编语言，可根据安装的Keil 编译器版本选择“Keil C (V4或更低)，英特尔PL/M5L英特尔汇编器”还是“Keil C (V5或更高)，英特尔PL/M5L英特尔汇编器”。单击“好”确定。当仿真器设置好后，可再次保存项目。

5. 编译程序

选择菜单“项目|编译”，按编译快捷图标或F9 键，编译你的项目，如图5-17所示。

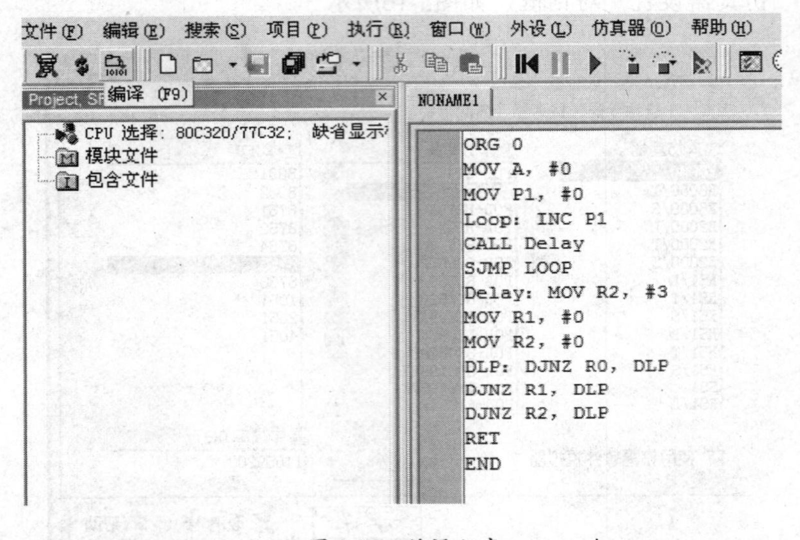

图 5-17 编译程序

在编译过程中，如果有错可以在信息窗口中显示出来，双击错误信息，可以在源程序中定位所在行。纠正错误后，再次编译直到没有错误。在编译之前，软件会自动将项目和程序存盘。在编译没有错误后，就可调试程序了，首先进行单步跟踪调试程序。

6. 单步调试程序

选择“执行|跟踪”，按跟踪快捷图标或按F7 键进行单步跟踪调试程序。

7. 连接硬件仿真

按照说明书，将仿真器通过串行电缆连接到计算机上，将仿真头接到仿真器上，检查接线否有误，确信没有接错后，接上电源，打开仿真器的电源开关。

参见第4 步，设置项目，在“仿真器”和“通信设置”栏的下方有“使用伟福软件模拟器”的选择项。取消选中的复选框。在通信设置中选择正确的串行口。单击“好”确认。如果仿真器和仿真头设置正确，并且硬件连接没有错误，就会出现“硬件仿真”的对话框，并显示仿真器、仿真头的型号。硬件仿真设置如图5-18所示。

如果用户已经有写好的程序，可以从第3步“新建项目”开始，将程序加入项目，就能以项目方式仿真了。如果用户不想以项目方式仿真，则要先关闭项目，再打开程序，并且要正确设置仿真器、仿真头，然后再编译、调试程序。

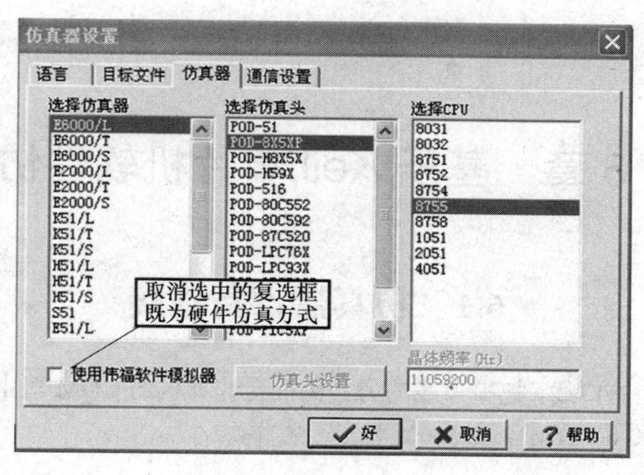

(a)

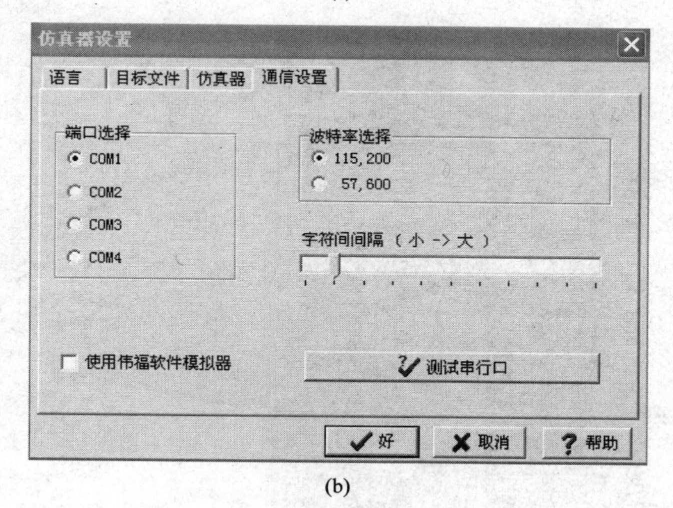

(b)

图 5-18　硬件仿真设置

第 6 章　基于 Keil 单片机软件仿真

6.1　仿真器设备连接

将仿真器插上串口线，把串口线的另一头插至计算机的 COM 口上，并把仿真器插在 51 试验板上。如图 6-1 所示。

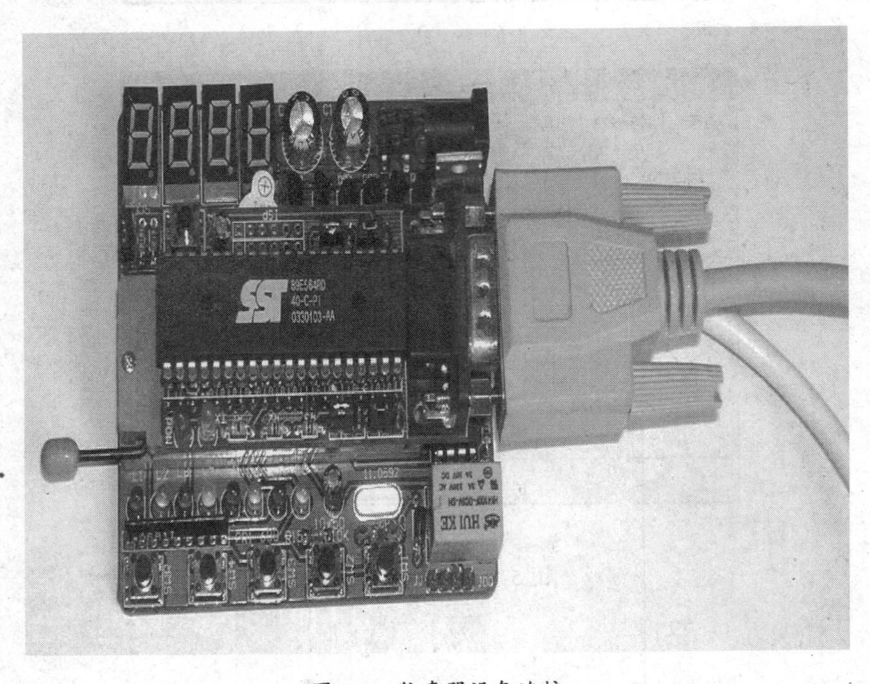

图 6-1　仿真器设备连接

6.2　使用仿真器软件——Keil 调试

6.2.1　安装 Keil 软件

可以在配带的软件光盘“仿真器配套软件及编译器”目录下找到，运行 Setup.exe 文件进行安装，无需特别的参数设置，按其默认值确认即可，然后分别安装汉化和注册。安装完成之后，单击开始菜单“程序”中的“Keil uVision3”进入软件启动界面，如图 6-2 所示。

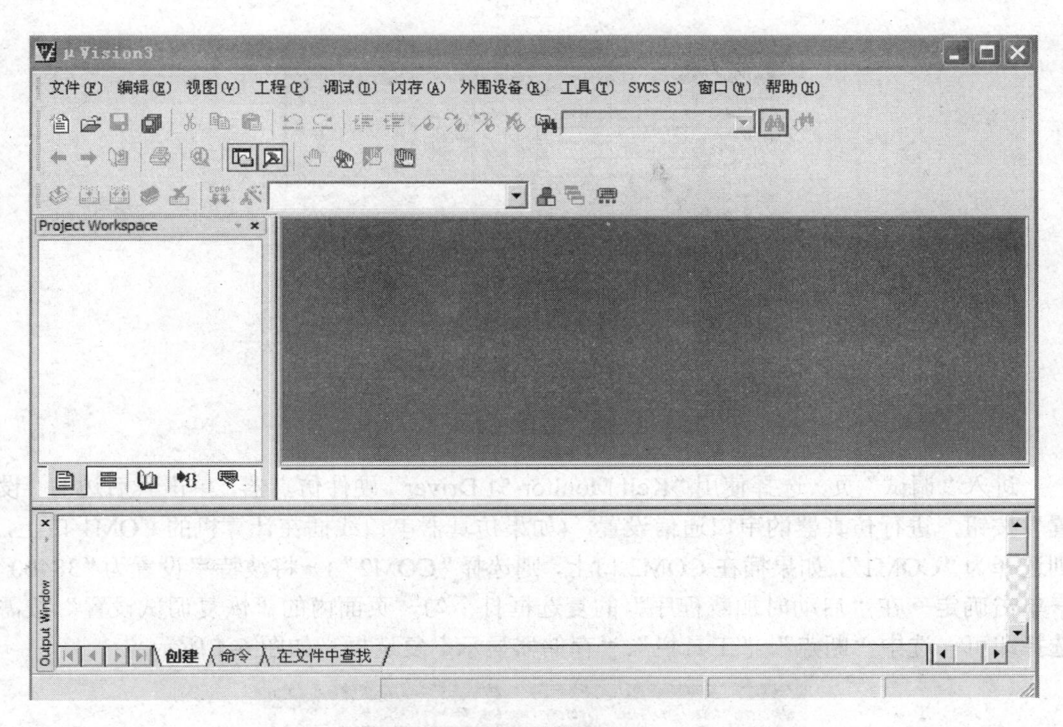

图 6-2　软件启动界面

6.2.2　编写源程序代码

选择“工程 Project”菜单中执行“新建 New Project”命令，新建工程文件名取为“×××.uv2”→选择做实验使用的 CPU 类型→编写源程序代码→执行“文件”菜单中的“另存为”×××.asm(注意.asm 是汇编语言的扩展名，如果使用 C 语言编写的话，则扩展名应是.c)→单击屏幕左侧的 Target1 字样旁边的“+”图标，则会弹出一个子项，名为“Source Group 1”，在其上面单击鼠标右键，选择“增加文件到组 Source Group 1”选项，把我们刚才保存好的×××.asm 加进去。

6.2.3　编译源程序

右击“Target 1”→在弹出菜单中选择“目标 Target 1 属性”选项→进入弹出菜单中的“输出”页，页面中有一项为“生成 HEX 文件”，我们在其选择框内打上勾→单击确定完成设置→按快捷键 F7，完成编译工作(在×××.asm 文件所在目录下发现一个名为“×××.hex”的文件，这就是用来完成烧写芯片工作时使用到的目标程序文件，该文件为 16 进制文件)。

6.2.4　参数设置

手动设置一些相关参数，同样是在“目标 Target 1 属性”选项，进入“目标”页面，将晶振频率设置为 11.0592M(因为仿真器使用的频率值为 11.0592M)，如图 6-3 所示。

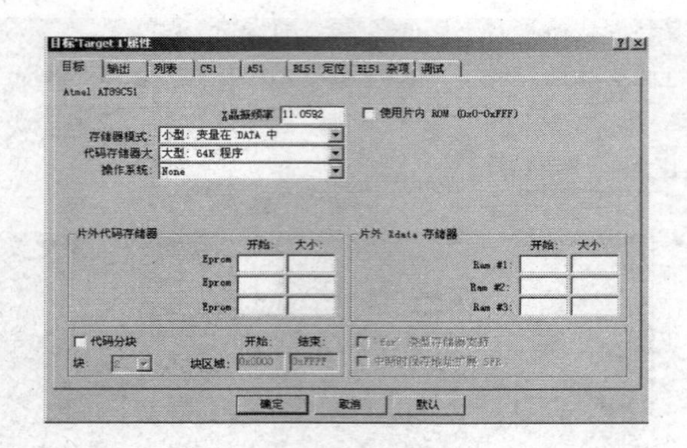

图 6-3　晶振频率设置

进入“调试”页，选择使用“Keil Monitor-51 Driver”硬件仿真器，单击其后边的“设置”按钮，进行仿真器的串口通信设置，(如果仿真器串口线插在计算机的 COM1 口上，则选择为“COM1”，如果插在 COM2 口上，则选择“COM2”)→将波特率设置为“38400”→单击确定→在“启动时加载程序”的复选框打个勾，页面内的“恢复调试设置”按需选择即可→选中“断点”、“工具栏”、“存储器显示”复选框，如图 6-4 所示。

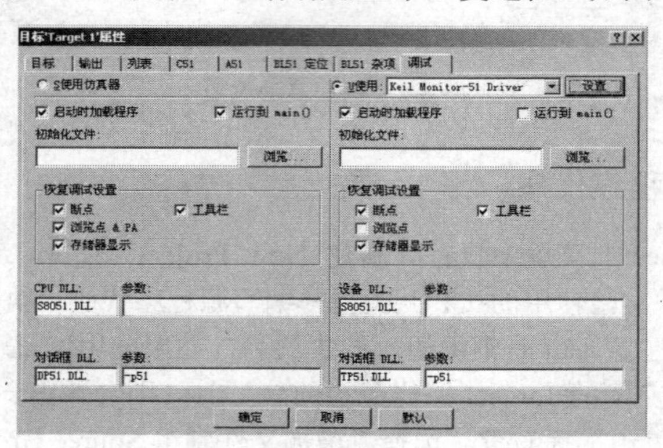

图 6-4　“调试”的设置

6.2.5　调试程序

单击 Keil 软件“调试”菜单中的“开始/停止调试”项(或者按键盘快捷键 Ctrl+F5)，如屏幕左下角出现调试结果，如图 6-5 所示，则表示仿真器连接成功，“Monitor-51 V3.4”是软件版本号。

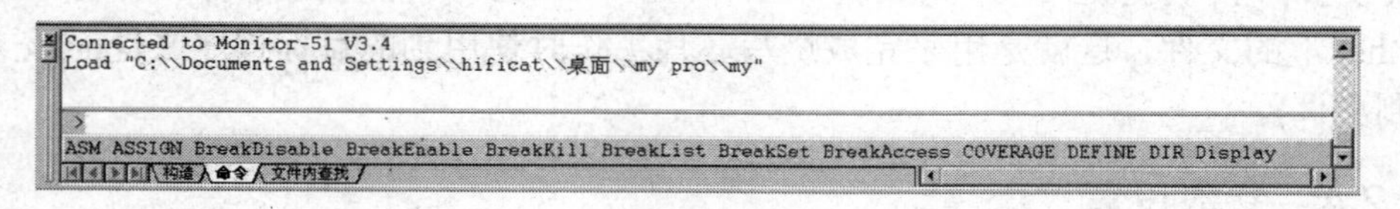

图 6-5　调试结果输出

再选择“调试”菜单中的“运行到”按钮(或使用键盘快捷键 F5)，这时仿真器才真正地起到仿真的作用，观察程序执行效果。

第 7 章　基于 PROTEUS 单片机软件仿真

现以一个实际的单片机控制液晶显示(LCD)电路为例，介绍使用 Proteus 软件进行电路仿真设计。

7.1　启动 PROTEUS 单片机软件的原理图设计工具

从计算机的开始菜单启动 ISIS 原理图设计工具，打开设计文档(默认模板)，如图 7-1 所示。默认绘图格点为 100th(1th=0.001linch)。

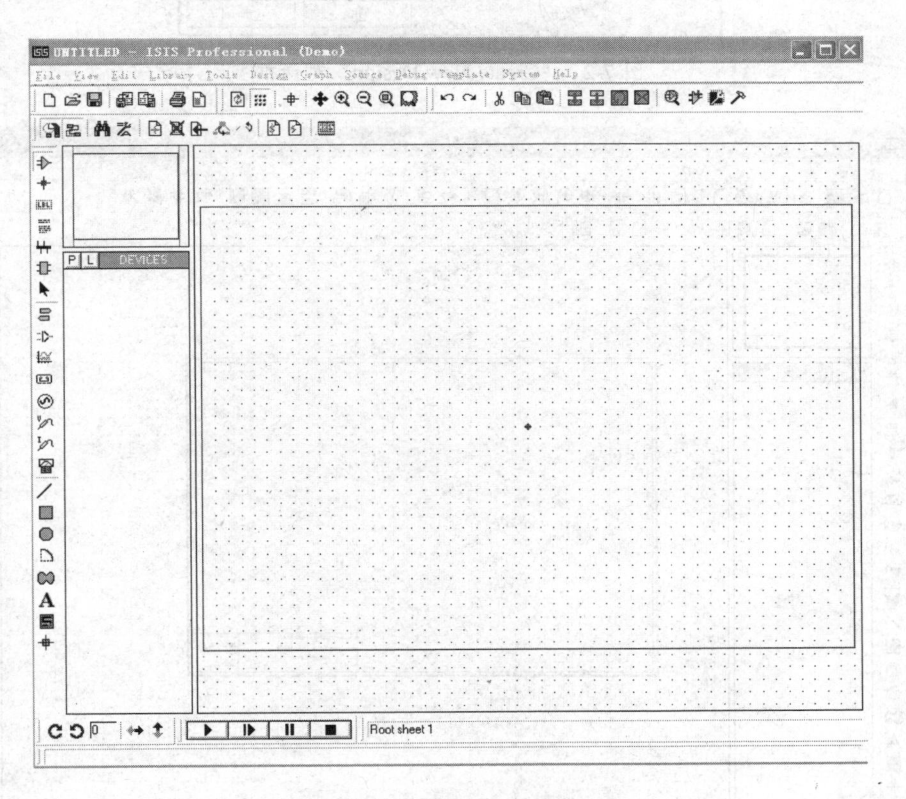

图 7-1　原理图编辑界面

7.2　选择设计文档模板

选择“File”→“New Design”命令，弹出“Create New Design”对话框，进行模板

选择，如图 7-2 所示。选择“Landscape　A4”模板，单击“OK”按钮，新设计如图 7-3 所示。然后单击“保存”按钮保存设计，并命名文件为“mydesign”。

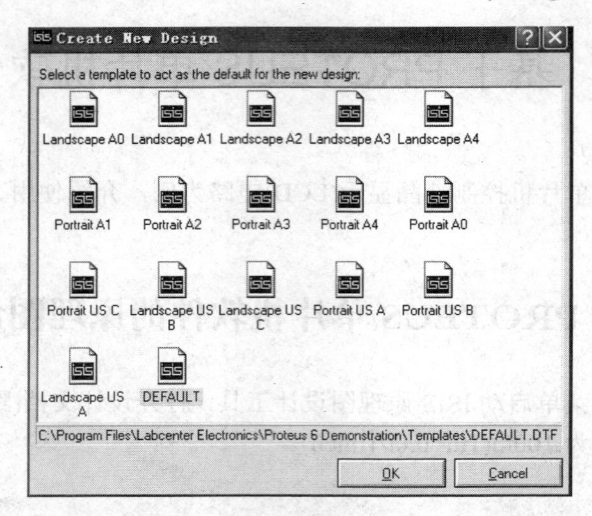

图 7-2　“Create New Design”对话框

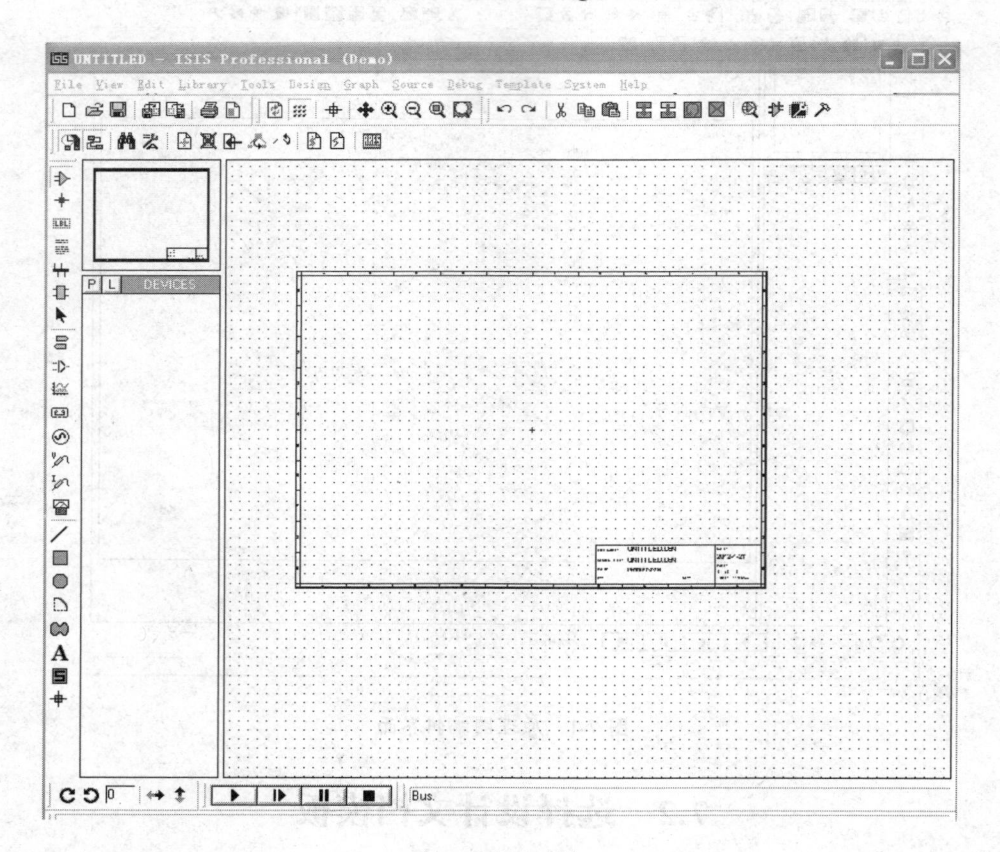

图 7-3　添加模板

7.3　选取与摆放元件

(1) 选择“Library”→“Pick Device/Symbol”命令，选择要摆放的元件，如图 7-4 所示。

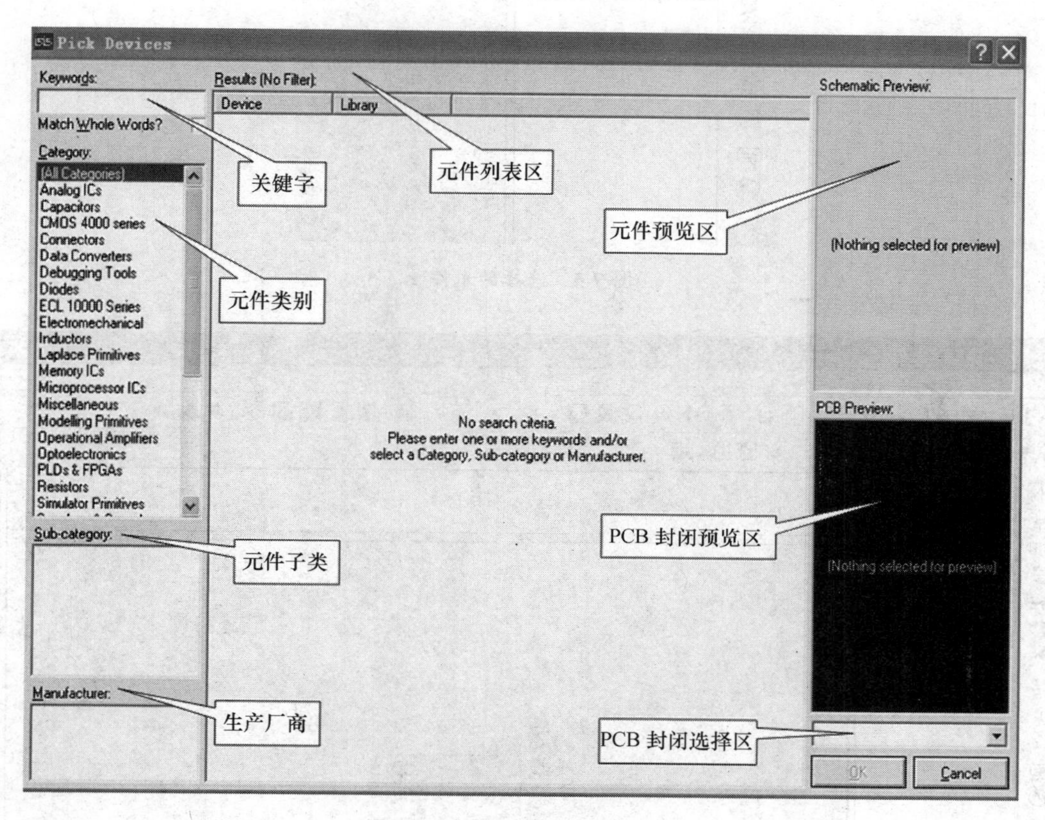

图 7-4　选择元件

在选取元件对话框中选取元件，如要选择 80C51 芯片，则可以在“Keywords”框中输入“80C51”，在元件列表区域、元件预览区域等会直接显示元件信息；若不知元件的具体名字，在元件类别中选择“Microprocessor ICs”，在对应的“Sub-Category”中选择“8051 Family”，在元件列表区出现 8051 系列芯片，再选择“80C51”芯片。

注意：在“Keywords”文本框中输入关键字时，最好在“Category”中选择“All Categories”，因为关键字搜索依据是“Category”中的类别。

(2) 单击“OK”按钮，元件名出现在左侧的“DEVICES”列表中，如图 7-5 所示。

(3) 在“DEVICES”列表中选择“89C51”，在绘图区域单击鼠标左键摆放元器件，如图 7-6 所示。

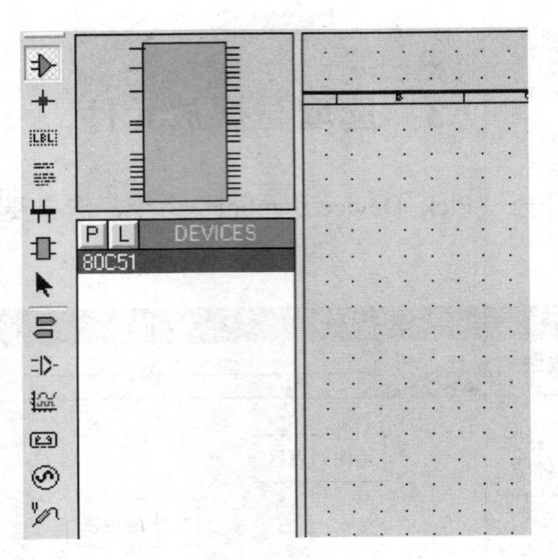

图 7-5 选择的元件

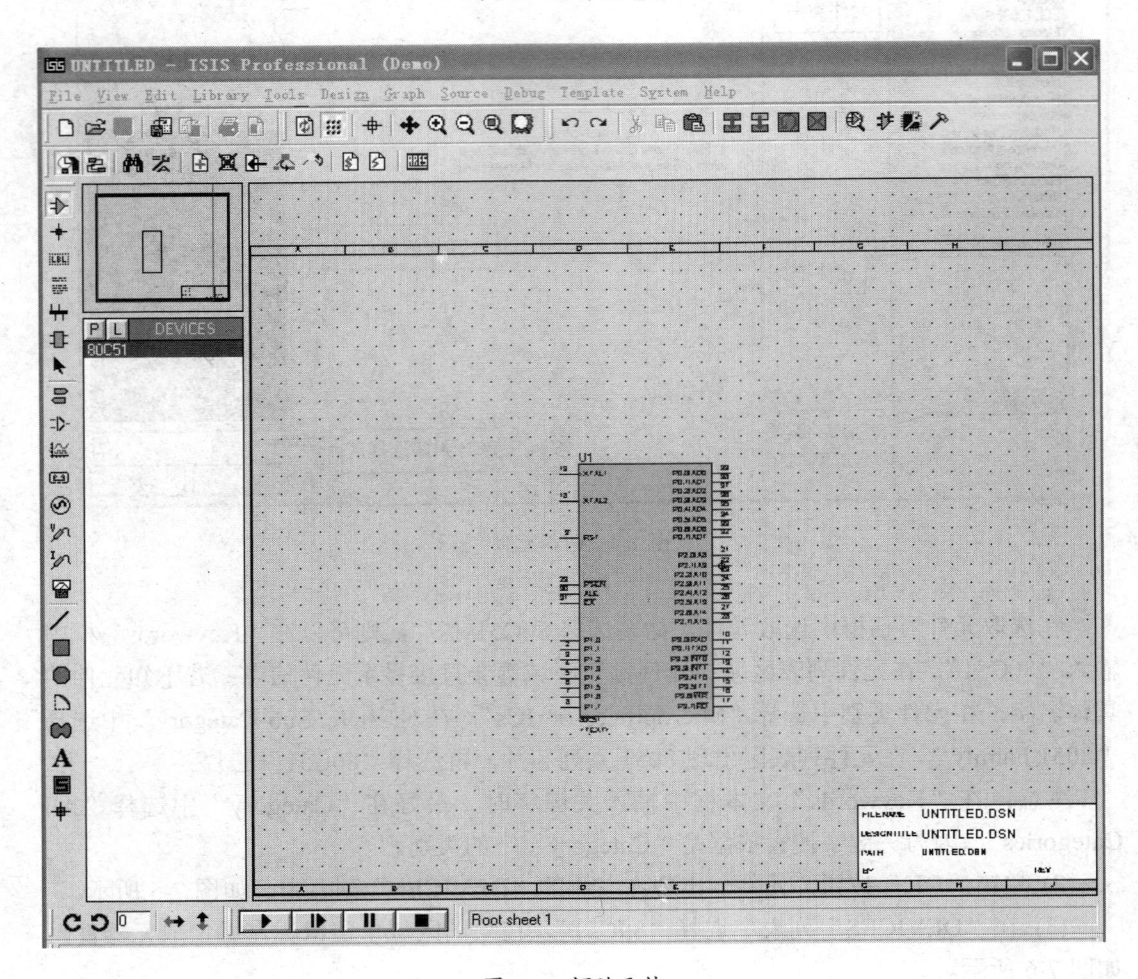

图 7-6 摆放元件

(4) 继续摆放其他元件，如图 7-7 所示。

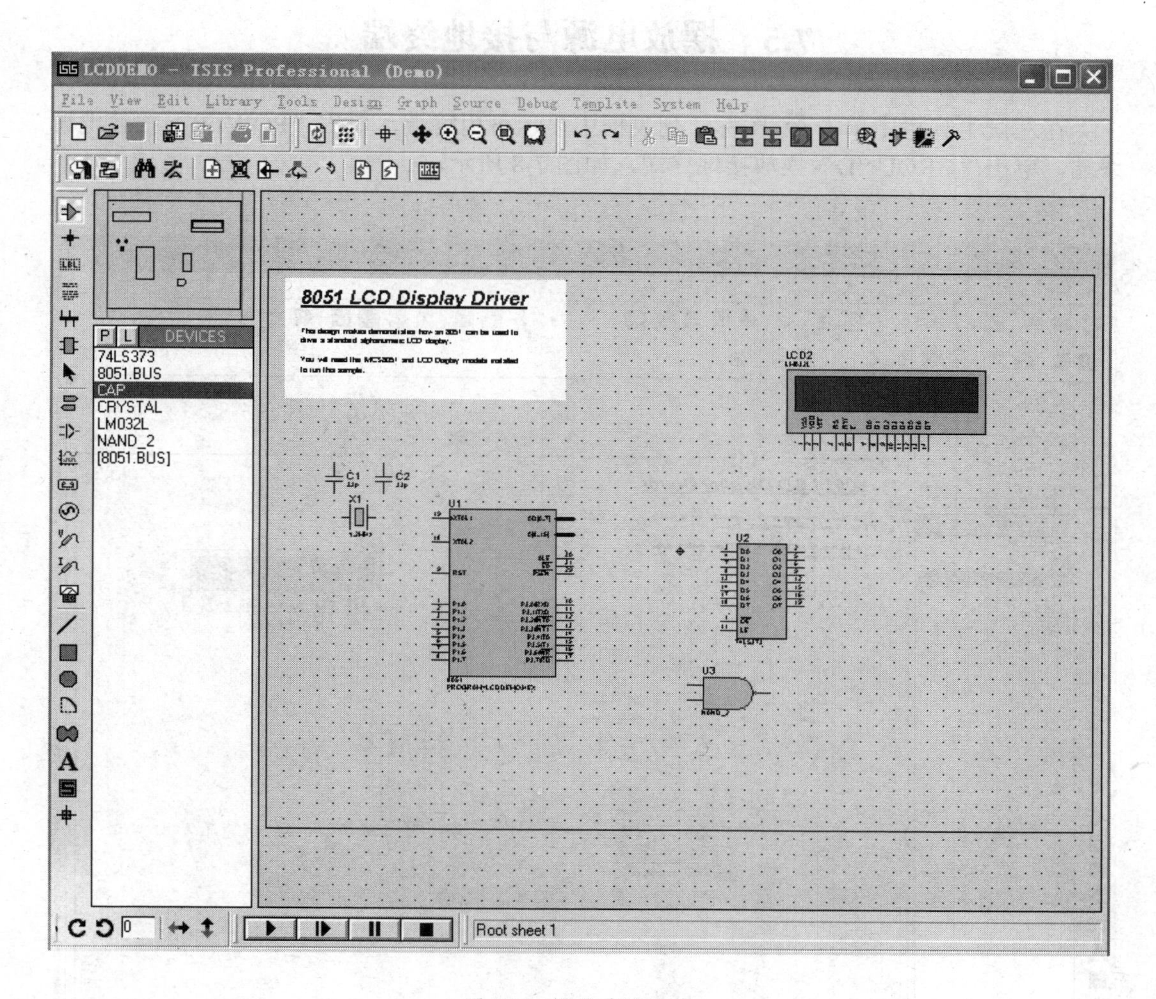

图 7-7　摆放其他元件

7.4　改变元件摆放方向

在默认情况下，摆放的元件方向固定。可以使用左下角的旋转与翻转命令，改变元件方向。用鼠标右键单击 C1，选择逆时针旋转按钮，旋转元件。同样可改变其他元件的方向。

7.5 摆放电源与接地终端

在左侧工具栏中单击 图标，列表框中显示可用终端，单击“POWER”摆放电源终端，单击“GROUND”摆放接地终端，如图 7-8 所示。

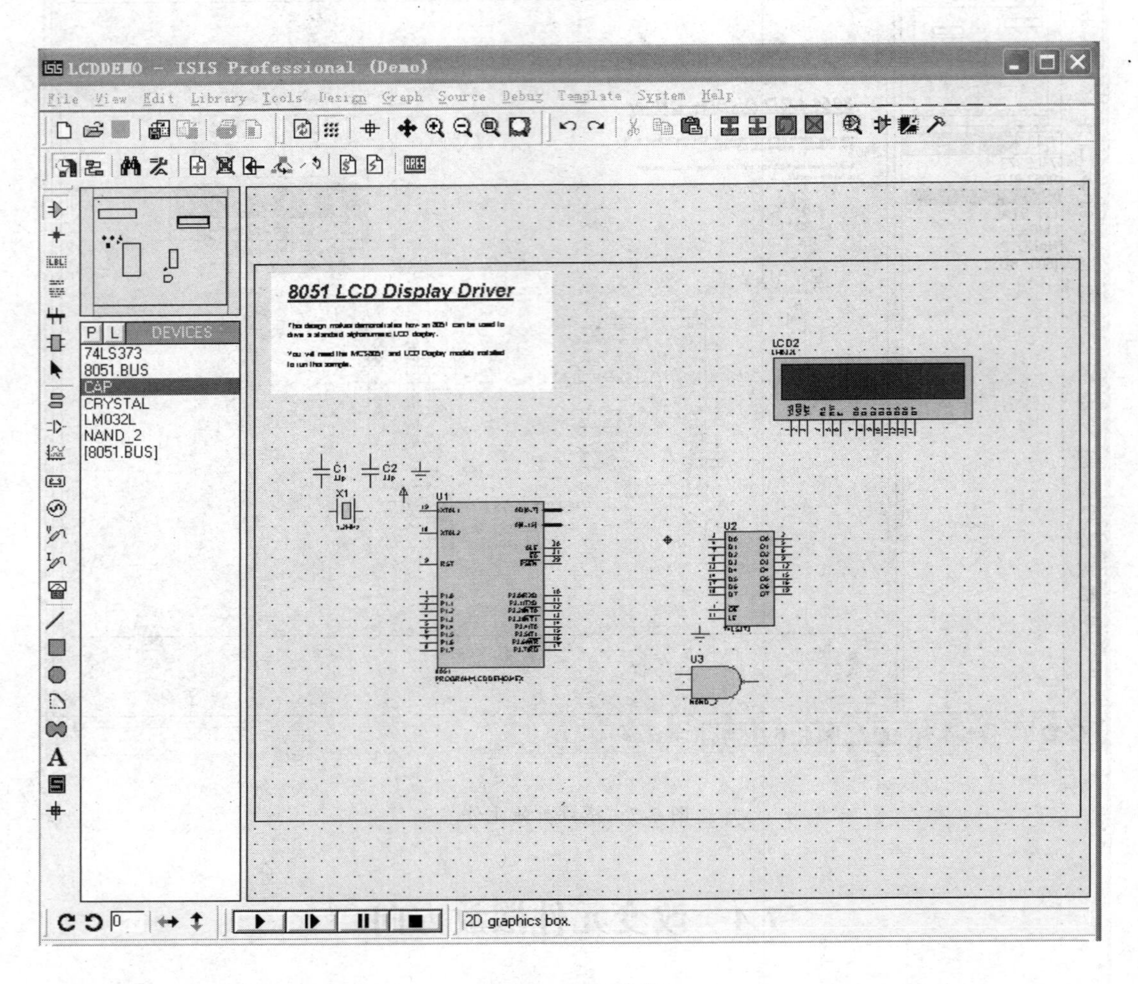

图 7-8 添加终端

7.6 布 线

Proteus 支持自动布线。分别单击两个引脚(不管这两个引脚在何处)，两个引脚之间会自动添加走线，还可以手动走线，连接走线后电路如图 7-9 所示。

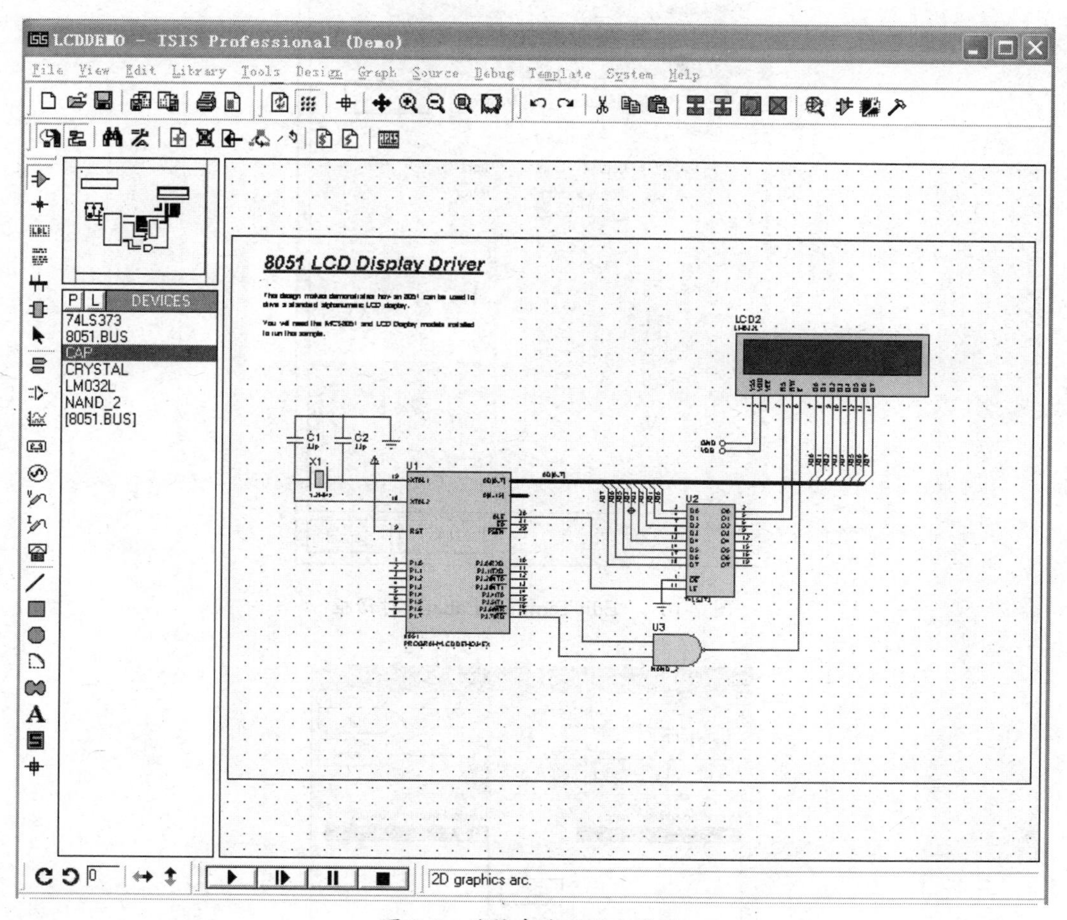

图 7-9 连接走线后的电路图

7.7 输入电源电压值

(1) 在电源终端单击鼠标右键，再单击鼠标左键，出现“Edit Terminal Label”对话框，在其中输入对应的电压值，如图 7-10 所示。

(2) 选择“Design”→“Configure Power Rails”命令，出现“Power Rail Configuration”对话框，如图 7-11 所示。

(3) 单击“New”按钮，在弹出的对话框中输入电压值“5.0V”，增加电源供给，如图 7-12 所示。

(4) 单击“OK”按钮，选择“Unconnected power nets”列表框中的“5．0V” →单击“Add”按钮，右侧显示“5.0V”，用同样的方法可以增加其他电压。完整的电路图如图 7-13 所示。

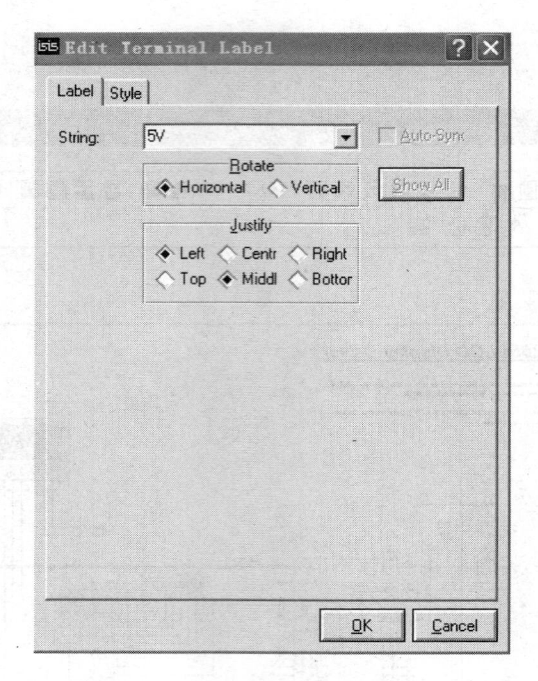

图 7-10 “Edit Terminal Label”对话框

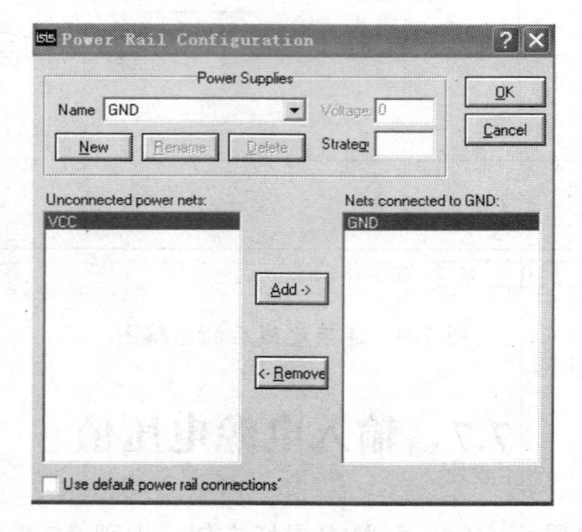

图 7-11 “Power Rail Configuration”对话框

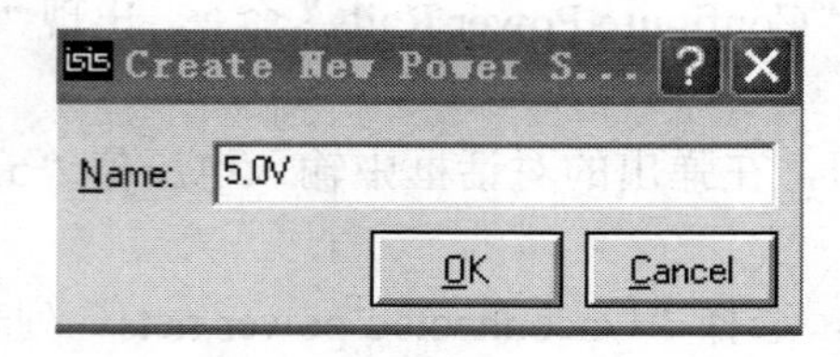

图 7-12 输入电压值

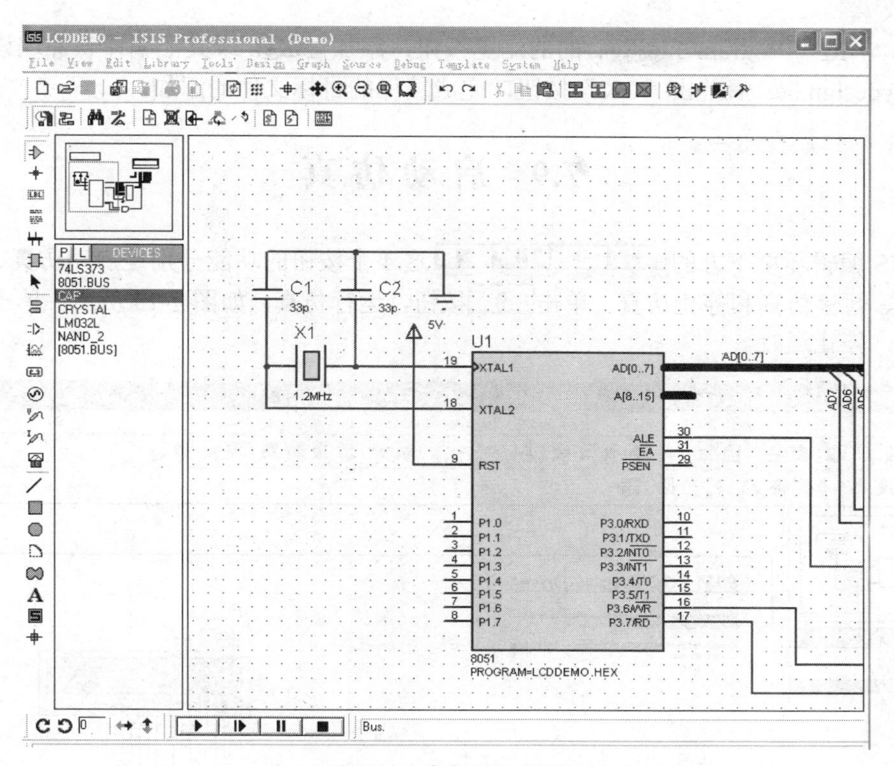

图 7-13　完整的电路图

7.8　添加编译的目标文件

(1) 单击鼠标右键选中 80C51 芯片，再用鼠标左键单击芯片，弹出“Edit Component”对话框，如图 7-14 所示。

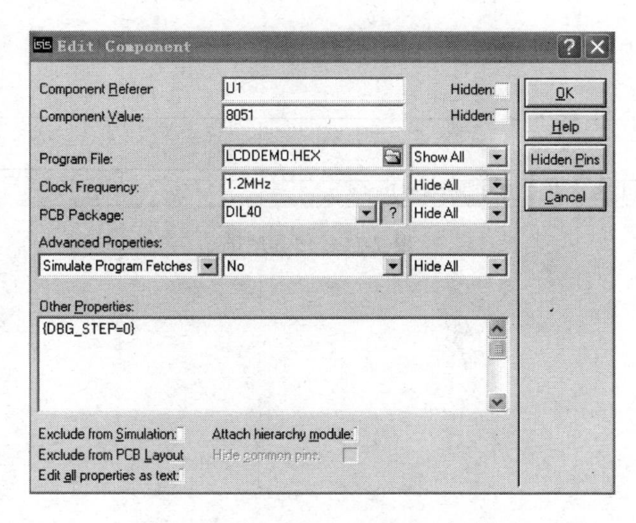

图 7-14　“Edit Component”对话框

(2) 单击“Program File”后的的浏览按钮，添加由 Keil 或其他编译软件编译的目标文件 mydesign.hex 后单击“OK”按钮，完成编译的目标文件的添加。

7.9 启动仿真

ISIS 编辑环境下方的▶ ▮▶ ▮▮ ■这 4 个按钮的功能分别是启动仿真、单步运行仿真、暂停仿真和停止仿真。单击▶按钮，运行仿真，如图 7-15 所示。单击停止仿真按钮，停止运行。

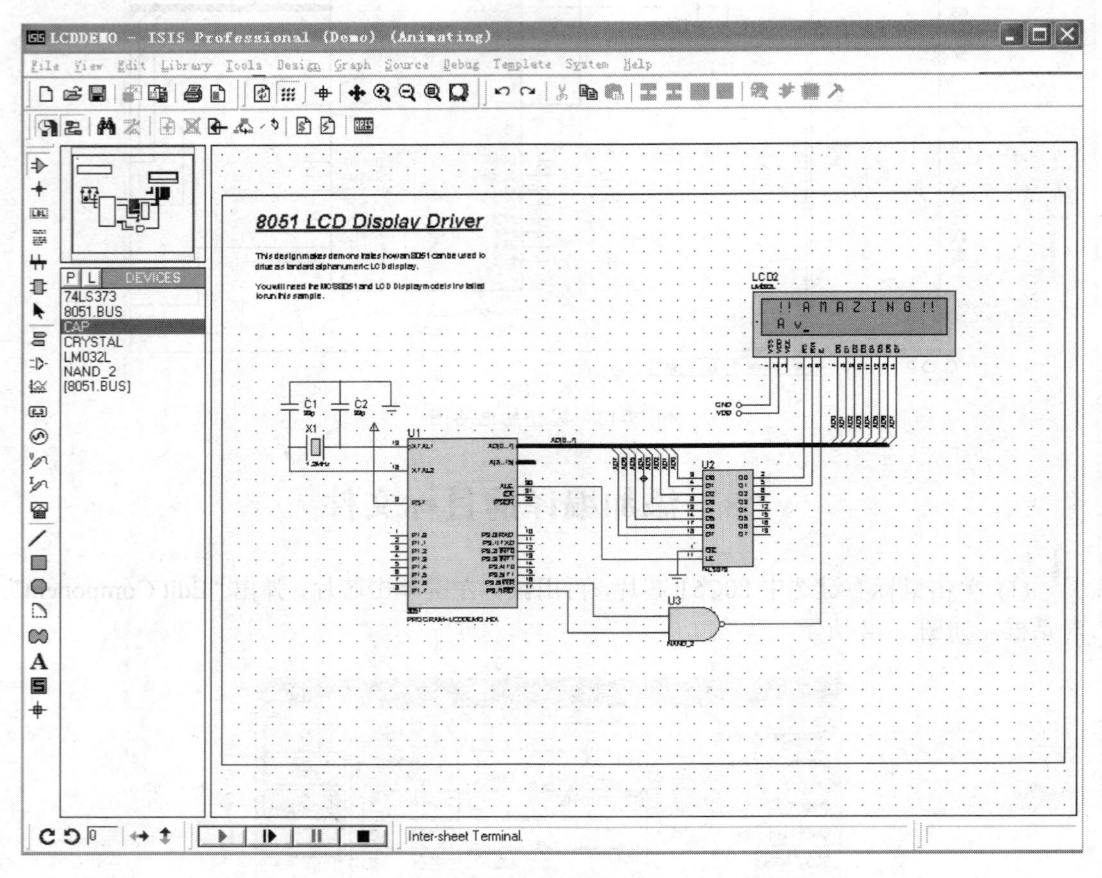

图 7-15 仿真结果

开 发 篇

第 8 章　系统开发概述

8.1　公司单片机系统开发一般流程

接 洽 ⟶ 客户提供方案开发资料 ⟶ 公司工程师评估(选型、开发周期和报价) ⟶ 客户确认开发方案 ⟶ 签订开发协议启动开发方案 ⟶ 客户验收

应用系统的开发过程应包括四部分工作内容：系数硬件设计、系统软件设计、系统仿真调试及脱机运行调试。

8.2　可行性论证

在确定开发课题后，根据客户需求目标，撰写任务书，并初步设计总体方案，然后要进行方案调研，这是整个开发工作成败的关键。方案调研包括查找资料、分析研究、并解决以下问题：

(1) 了解国内相似系统的开发水平，器材、元器件技术水平和供应状况，以确定系统开发的技术难度。

(2) 了解可移植的软硬件技术。能移植的尽量移植(当然前提是不侵害别人的知识产权)，以防止大量的低水平重复劳动。

(3) 摸清软硬件技术情况，明确技术的主攻方向。

(4) 综合考虑软硬件在系统功能上的分配。单片机应用系统设计中，软硬件工作具有密切的相关性。

通过调查研究，细化应用系统功能技术指标，软硬件指令性方案及分工。

系统的硬件设计与软件设计可并行。

8.3　系统硬件设计原则

一个单片机应用系统的硬件电路设计包含有两部分内容：一是系统扩展，即单片机内部的功能单元，如 ROM、RAM、I/O 口、定时/计数器、中断系统等容量不能满足应用系统要求时，必须在片外进行扩展，选择适当的芯片，设计相应的电路。二是系统配置，即按照系统要求功能配置外围设备，如键盘、显示器、打印机、A/D、D/A 等，要设计合

适的接口电路。

系统扩展与配置要遵循下列原则：

(1) 尽可能选择典型电路，并符合单片机的常规用法，为硬件系统的标准化、模块化打下良好的基础。

(2) 系统扩展与外围设备配置的水平应充分满足应用系统功能要求，并留有适当余地，以便进行二次开发。

(3) 硬件结构应结合应用软件方案一并考虑。考虑的原则是软件能实现的功能尽可能由软件来实现，以简化硬件结构。但同时要注意由软件实现的硬件功能，其响应时间要比直接用硬件实现来得长，而且占用 CPU 时间。因此，选择方案时要考虑到这些因素。

(4) 整个系统中相关的器件要尽可能做到性能匹配，例如选用的晶振频率较高时，存储器的存取时间有限，应该选择允许存取速度较高的芯片；选择 COMS 芯片单片机构成低功耗系统时，系统中的所有芯片都应该选择低功耗的器件。

(5) 可靠性及抗干扰设计是硬件系统设计不可缺少的一部分，它包括芯片和器件选择、去耦滤波、印制电路板布线、通道隔离等。

(6) 单片机外接电路较多时，必须考虑其驱动能力，如增加线驱动器或减少芯片功耗，降低总线负载等。

8.4　系统软件设计特点

一个优秀的应用系统的软件应具有下列特点：

(1) 软件结构清晰、简捷，流程合理。

(2) 各功能程序实现模块化、子程序化。这样，既便于调试、链接，又便于移植、修改。

(3) 程序存储区、数据存储区规范合理，既能节约内存容量，又使操作方便。

(4) 运行状态实行标志化管理。

(5) 经过调试修改的程序应再次进行规范化，除去修改“痕迹”。规范化的程序便于交流，也为今后的软件模块化、标准化打下基础。

(6) 实现全面软件抗干扰设计。软件抗干扰是应用系统可靠性的有力工具。

(7) 为了提高系统运行的可靠性，在应用软件中可设置自诊断程序，在系统工作运行前先运行自诊断程序，用以检查系统各特征状态参数是否正常。

8.5　可靠性设计

单片机应用系统的工作环境往往都在具有多种干扰源的规场，为提高系统的可靠性，抗干扰措施在硬件电路设计中显得尤为重要。

根据干扰源引入的途径，抗干扰措施可从以下两个方面考虑。

1. 电源供电系统

为了克服电网以及来自本系统其他部件的干扰，可采用隔离变压器、交流稳压、线性滤波器、稳压电路各线滤波等防干扰措施。

2. 电路上的考虑

为进一步提高系统的可靠性，在硬件电路设计中应采取一系列防干扰措施：

(1) 大规模 IC 芯片电源供电端 VCC 都应加高频滤波电容，根据负载电流情况，在各级供电节点上还应加足够容量的退耦电容。

(2) 开关量 I/O 通道与外界的隔离可采用光电耦合器件，特别是与继电器、晶闸管等连接的通道，一定要采取隔离措施。

(3) 可采用 COMS 器件提高工作电压(如+15V)，这样干扰门限也相应提高。

(4) 传感器后级的变送器尽量采用电流型的传输方式，因为电流型比电压型抗干扰能力强。

(5) 电路应有合量的布线及接地方法(包括印制电路板的设计)。

(6) 与环境干扰的隔离可采用屏蔽措施。

第9章 开发案例

9.1 电子琴

功能要求：用16个按键组成4×4键盘矩阵，设置成16个音，可以随着弹奏想要表现的音乐。按下键的同时显示键号。

9.1.1 硬件设计

打开Proteus ISIS编辑环境，按表9-1所列的元件清单添加元件。

表9-1 元件清单

元件名称	所属类	所属子类
AT89C51	Microprocessor ICs	8051 Family
CAP	Capacitors	Generic
CAP-ELEC	Capacitors	Generic
CRYSTAL	Miscellaneous	—
RES	Resistors	Generic
BUTTON	Switches & Relays	Switches
7SEG-COM-CAT-GRN	Optoelectronics	7-Segment Displays
SOUNDER	Speakers & Sounders	—

元件全部添加后，在Proteus ISIS编辑区域中按图9-1所示的原理图连接硬件电路。

9.1.2 程序设计

1. 音乐产生的方法

一首音乐是由许多不同的音阶组成的，而每个音阶对应着不同频率，利用不同频率的组合，就能构成我们想要的音乐了。对于单片机来说，可以利用单片机的定时/计数器T0来产生不同频率的信号。因此，只要把一首歌曲的音阶对应频率关系搞清楚即可。以单片机12MHz晶振为例，列出高中低音符与单片机计数T0相关的计数值，见表9-2。

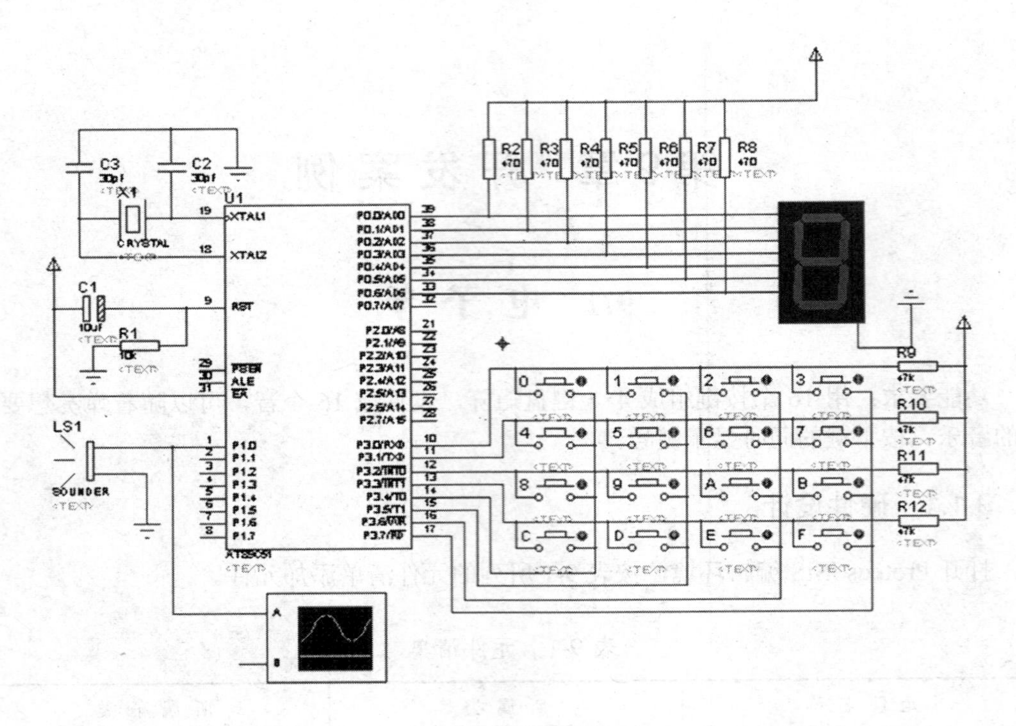

图 9-1　电路原理图

表 9-2　高中低音符与单片机计数 T0 相关的计数值

音　符	频率/Hz	简谱码(T 值)	音　符	频率/Hz	简谱码(T 值)
低 1DO	262	63628	中#4FA#	740	64860
低#1DO#	277	63731	中 5SO	784	64898
低 2RE	294	63835	中#5SO#	831	64934
低#2RE#	311	63928	中 6LA	880	64968
低 3MI	330	64021	中#6LA	932	64994
低 4FA	349	64103	中 7SI	988	65030
低#4FA#	370	64185	高 1DO	1046	65058
低 5SO	392	64260	高#1DO#	1109	65058
低#5SO#	415	64331	高 2RE	1175	65110
低 6LA	440	64400	高#2RE#	1245	65134
低#6LA	466	64463	高 3MI	1318	65157
低 7SI	494	64524	高 4FA	1397	65178
中 1DO	523	64580	高#4FA#	1480	65198
中#1DO#	554	64633	高 5SO	1568	65217
中 2RE	587	64684	高#5SO#	1661	65235
中#2RE#	622	64732	高 6LA	1760	65252
中 3MI	659	64777	高#6LA	1865	65268
中 4FA	698	64820	高 7SI	1967	65283

2. 程序流程

音乐产生程序流程如图 9-2 所示。

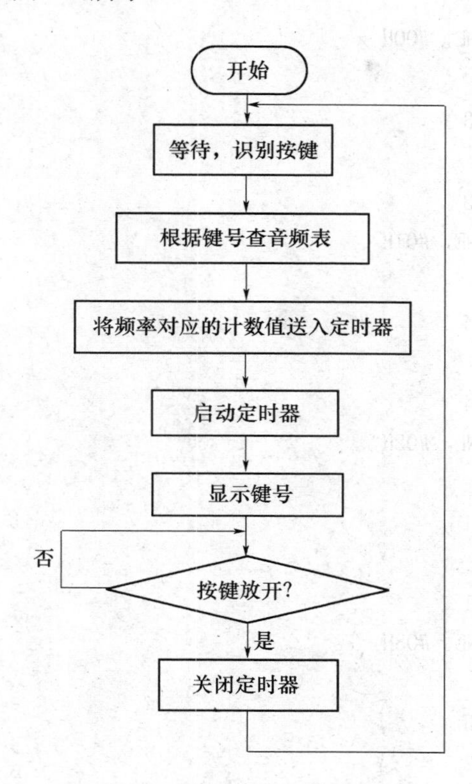

图 9-2　音乐产生程序流程

3. 源程序

```
LINE     EQU     30H
ROW      EQU     31H
VAL      EQU     32H
         ORG     00H
         SJMP    START
         ORG     0BH
         LJMP    INT_T0
START:   MOV     P0, #00H
         MOV     TMOD, #01H
; ********************************************
; 按键扫描程序
; ********************************************
LSCAN:   MOV          P3, #0F0H
L1:      JNB     P3.0, L2
```

```
        LCALL   DELAY
        JNB     P3.0, L2
        MOV         LINE, #00H
        LJMP    RSCAN
L2:     JNB     P3.1, L3
        LCALL   DELAY
        JNB     P3.1, L3
        MOV         LINE, #01H
        LJMP    RSCAN
L3:     JNB     P3.2, L4
        LCALL   DELAY
        JNB     P3.2, L4
        MOV         LINE, #02H
        LJMP    RSCAN
L4:     JNB     P3.3, L1
        LCALL   DELAY
        JNB     P3.3, L1
        MOV         LINE, #03H

RSCAN:  MOV     P3, #0FH
C1:     JNB     P3.4, C2
        MOV         ROW, #00H
        LJMP    CALCU
C2:     JNB     P3.5, C3
        MOV         ROW, #01H
        LJMP CALCU
C3:     JNB     P3.6, C4
        MOV         ROW, #02H
        LJMP    CALCU
C4:     JNB     P3.7, C1
        MOV         ROW, #03H

CALCU:  MOV         A, LINE             ; 计算键号
        MOV         B, #04H
        MUL     AB
        ADD     A, ROW
        MOV     VAL, A
; *********************************************
```

```
; 根据键号查表得到定时器的定时常数，
; 从而发出不同频率的声音
; ******************************************
        MOV     DPTR，#TABLE2
        MOV     B，#2
        MUL     AB
        MOV     R1，A
        MOVC A，@A+DPTR
        MOV     TH0，A
        INC     R1
        MOV     A，R1
        MOVC A，@A+DPTR
        MOV     TL0，A
        MOV     IE，#82H
        SETB TR0

        MOV     A，VAL              ; 显示键号
        MOV     DPTR，#TABLE1
        MOVC A，@A+DPTR
        MOV     P0，A
; ******************************************
; 等待按键释放
; ******************************************
    W0: MOV     A，P3
        CJNE A，#0FH，W1
        MOV     P0，#00H
        CLR     TR0
        LJMP LSCAN
    W1: MOV     A，P3
        CJNE A，#0F0H，W2
        MOV     P0，#00H
        CLR     TR0
        LJMP LSCAN
    W2: SJMP W0
; ******************************************
; 定时器0中断服务程序，输出特定频率的方波，
; 驱动扬声器发声
; ******************************************
```

```
INT_T0:   MOV     DPTR，#TABLE2
          MOV     A，VAL
          MOV     B，#2
          MUL     AB
          MOV     R1，A
          MOVC A，@A+DPTR
          MOV     TH0，A
          INC     R1
          MOV     A，R1
          MOVC A，@A+DPTR
          MOV     TL0，A
          CPL     P1.0
          RETI

DELAY:    MOV     R6，#10
D1:       MOV     R7，#250
          DJNZ R7，$
          DJNZ R6，D1
          RET

TABLE1:   DB      3FH，06H，5BH，4FH，66H，6DH，7DH，07H
          DB      7FH，6FH，77H，7CH，39H，5EH，79H，71H
TABLE2:   DW      64021，64103，64260，64400
          DW      64524，64580，64684，64777
          DW      64820，64898，64968，65030
          DW      65058，65110，65157，65178
          END
```

9.1.3 调试与仿真

(1) 打开 Keil μVision3，新建 Keil 项目，选择 AT89C51 单片机作 CPU，新建汇编源文件，编写程序，并将其导入到“Source Group 1”中。在“Options for Target”对话框中，选中“Output”选项卡中的“Create HEX File”选项和“Debug”选项卡中的“Use：Proteus VSM Simulator”选项。编译汇编源程序，改正程序中的错误。

(2) 在 Proteus ISIS 中选中 AT89C51 并单击鼠标左键，打开“Edit Component”对话框，设置单片机晶振频率为 12MHz，在此对话框中的“Program File”栏中，选择之前用 Keil 生成的.HEX 文件。在 Proteus ISIS 菜单栏中选择“File”→“Save Design”选项，保存设计。在 Proteus ISIS 菜单栏中，打开“Debug”下拉菜单，在菜单中选中“Use Remote Debug Monitor”选项，以支持与 Keil 的联合调试。

(3) 在 Keil 的菜单栏中选择“Debug” →“Start/Stop Debug Session”选项，或者直接单击工具栏中的“Debug > Start/stop Debug Session”图标，进入程序调试环境。按 F5 键，顺序运行程序。调出“Proteus ISIS”界面，接下不同的按键，可以听见不同的声音。

9.2　汽车转弯信号灯模拟设计

功能要求：本例模拟汽车在驾驭中的左转弯、右转弯、刹车、闭合紧急开关、停靠等操作。要求在各种模拟驾驶开关操作时，信号灯输出的信号见表 9-3。

表 9-3　各种操作对应的信号灯输出

驾驶行为	输出信号					
	左转弯信号灯	左转弯信号灯	左头信号灯	右头信号灯	左尾信号灯	右尾信号灯
左转弯	闪烁	灭	闪烁	灭	闪烁	灭
右转弯	灭	闪烁		闪烁		闪烁
闭合紧急开关	闪烁	闪烁	闪烁	闪烁	闪烁	闪烁
刹车	灭	灭	灭	灭	亮	亮
左转弯时刹车	闪烁	灭	闪烁	灭	闪烁	亮
右转弯时刹车	灭	闪烁	灭	闪烁	亮	闪烁
刹车时紧急开关	闪烁	闪烁	闪烁	闪烁	亮	亮
左转弯时刹车闭合紧急开关	闪烁	闪烁	闪烁	闪烁	闪烁	亮
右转弯时刹车闭合紧急开关	闪烁	闪烁	闪烁	闪烁	亮	闪烁
停靠	灭	灭	闪烁	闪烁	闪烁	闪烁

9.2.1　硬件设计

打开 Proteus ISIS 编辑环境，按表 9-4 所列的元件清单添加元件。

表 9-4　元件清单

元件名称	所属类	所属子类
AT89C51	Microprocessor ICs	8051 Family
CAP	Capacitors	Generic
CAP-POL	Capacitors	Generic
CRYSTAL	Miscellaneous	—
RES	Resistors	Generic
SWITCH	Switches & Relays	Switches
LED-YELLOW	Optoelectronics	LEDs
ULN2003A	Analog	Miscellaneous

元件全部添加后，在 Proteus ISIS 编辑区域中按图 9-3 所示的原理图连接硬件电路。

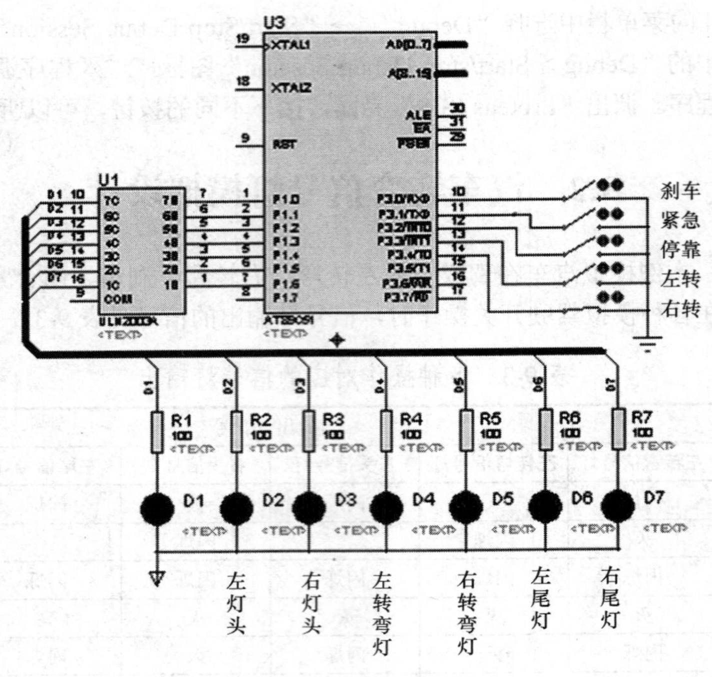

图 9-3　电路原理图

9.2.2　程序设计

1. 方法

采用分支结构编写程序，对于不同的开关状态，为其分配相应的入口，从而对不同的开关状态作出响应。

2. 程序流程

汽车转弯信号灯模拟设计程序流程如图 9-4 所示。

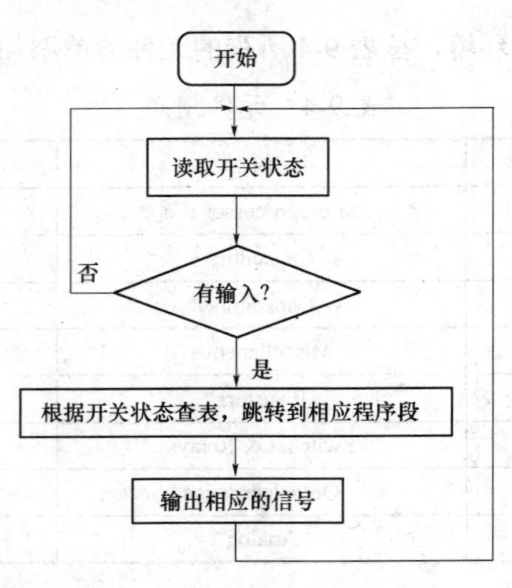

图 9-4　汽车转换信号灯模拟设计程序设计

3. 源程序

```
          ORG       0000H
          AJMP      START1
          ORG       0030H
SAME      EQU       4EH
START1:   MOV       P1,#00H              ;无输入时无输出
START:    MOV       A,P3                 ;读 P3 口数据
          ANL       A,#1FH               ;取用 P3 口的低五位数据
          CJNE A,#1FH,SHIY               ;对 P3 口低五位数据进行判断
          AJMP START1
SHIY:     MOV       SAME,A
          LCALL     YS                   ;延时
          MOV       A,P3                 ;读 P3 口的数据
          ANL       A,#1FH               ;取用 P3 口的低五位数据
          CJNE      A,#1FH,SHIY1         ;对 P3 口的低五位数据进行判断
          AJMP      START1               ;开关没有动作时无输出
SHIY1:    CJNE      A,SAME,START1
          CJNE      A,#17H,NEXT1         ;P3.3=0 时进入左转分支
          AJMP      LEFT
NEXT1:    CJNE      A,#0FH,NEXT2         ;P3.4=0 时进入右转分支
          AJMP      RIGHT
NEXT2:    CJNE      A,#1DH,NEXT3         ;P3.1=0 时进入紧急分支
          AJMP      EARGE
NEXT3:    CJNE      A,#1EH,NEXT4         ;P3.0=0 时进入刹车分支
          AJMP      BRAKE
NEXT4:    CJNE      A,#16H,NEXT5         ;P3.0=P3.3=0 时进入左转刹车分支
          AJMP      LEBR
NEXT5:    CJNE      A,#0EH,NEXT6         ;P3.0=P3.4=0 时进入右转刹车分支
          AJMP      RIBR
NEXT6:    CJNE      A,#1CH,NEXT7         ;P3.0=P3.1=0 时进入紧急刹车分支
          AJMP      BRER
NEXT7:    CJNE      A,#14H,NEXT8         ;P3.0=P3.1=P3.3=0 时进入左转紧急刹车分支
          AJMP      LBE
NEXT8:    CJNE      A,#0CH,NEXT9         ;P3.0=P3.1=P3.4=0 时进入右转紧急刹车分支
          AJMP      RBE
NEXT9:    CJNE      A,#1BH,NEXT10        ;P3.2=0 时进入停靠分支
```

```
        AJMP    STOP
NEXT10: AJMP    ERROR           ;其他情况进入错误分支
LEFT:   MOV         P1,#2AH     ;左转分支
        LCALL   Y1s
        MOV         P1,#00H
        LCALL   Y1s
        AJMP    START
RIGHT:  MOV         P1,#54H     ;右转分支
        LCALL   Y1s
        MOV         P1,#00H
        LCALL   Y1s
        AJMP    START
EARGE:  MOV         P1,#7FH     ;紧急分支
        LCALL   Y1s
        MOV         P1,#00H
        LCALL   Y1s
        AJMP    START
BRAKE:  MOV         P1,#60H     ;刹车分支
        AJMP    START
LEBR:   MOV         P1,#6AH     ;左转刹车分支
        LCALL   Y1s
        MOV         P1,#40H
        LCALL   Y1s
        AJMP    START
RIBR:   MOV         P1,#6AH     ;右转刹车分支
        LCALL   Y1s
        MOV         P1,#40H
        LCALL   Y1s
        AJMP    START
BRER:   MOV         P1,#7EH     ;紧急刹车分支
        LCALL   Y1s
        MOV         P1,#60H
        LCALL   Y1s
        AJMP    START
LBE:    MOV         P1,#7EH     ;左转紧急刹车分支
        LCALL   Y1s
        MOV         P1,#40H
```

```
        LCALL    Y1s
        AJMP     START
RBE:    MOV          P1,#7EH      ;右转紧急刹车分支
        LCALL    Y1s
        MOV          P1,#20H
        LCALL    Y1s
        AJMP     START
STOP:   MOV          P1,#66H      ;停靠分支
        LCALL    Y100ms
        MOV          P1,#00H
        LCALL    Y100ms
        AJMP     START
ERROR:  MOV          P1,#80H      ;错误分支
        LCALL    Y1s
        MOV          P1,#00H
        LCALL    Y1s
        AJMP         START
YS:     MOV          R7,#20H      ;延时
YS0:    MOV          R6,#0FFH
YS1:    DJNZ     R6,YS1
        DJNZ     R7,YS0
        RET
Y1s:    MOV      R7,#04H          ;延时
Y1s1:   MOV          R6,#0FFH
Y1s2:   MOV          R5,#0FFH
        DJNZ     R5,$
        DJNZ     R6,Y1s2
        DJNZ     R7,Y1s1
        RET
Y100ms: MOV          R7,#66H      ;延时
Y100ms1: MOV         R6,#0FFH
Y100ms2: DJNZ    R6, Y100ms2
        DJNZ     R7, Y100ms1
        RET
        END
```

9.2.3 调试与仿真

(1) 打开 Keil μVision3，新建 Keil 项目，选择 AT89C51 单片机作 CPU，新建汇编源文件，编写程序，并将其导入到“Source Group 1”中。在“Options for Target”对话框中，选中“Output”选项卡中的“Create HEX File”选项和“Debug”选项卡中的“Use：Proteus VSM Simulator”选项。编译汇编源程序，改正程序中的错误。

(2) 在 Proteus ISIS 中选中 AT89C51 并单击鼠标左键，打开“Edit Component”对话框，设置单片机晶振频率为 12MHz，在此对话框中的“Program File”栏中，选择之前用 Keil 生成的.HEX 文件。在 Proteus ISIS 菜单栏中选择“File”→“Save Design”选项，保存设计。在 Proteus ISIS 菜单栏中，打开“Debug”下拉菜单，在菜单中选中“Use Remote Debug Monitor”选项，以支持与 Keil 的联合调试。

(3) 在 Keil 的菜单栏中选择“Debug” →“Start/Stop Debug Session”选项，或者直接单击工具栏中的“Debug > Start/stop Debug Session”图标，进入程序调试环境。按 F5 键，顺序运行程序。调出“Proteus ISIS”界面，按下不同开关，观察发光二极管的响应。

9.3 数字钟设计

功能要求：开机时，从显示 00：00：00 的时间开始计时；P0.0/AD0 控制“秒”的调整，每按一次加 1s；P0.1/AD1 控制“分”的调整，每按一次加 1min；P0.2/AD2 控制“时”的调整，每按一次加 1h。计满 23：59：59 时，返回 00：00：00 重新计时。

9.3.1 硬件设计

打开 Proteus ISIS 编辑环境，按表 9-5 所列的元件清单添加元件。

表 9-5 元件清单

元件名称	所属类	所属子类
AT89C51	Microprocessor ICs	8051 Family
CAP	Capacitors	Generic
CAP-ELEC	Capacitors	Generic
CRYSTAL	Miscellaneous	—
RES	Resistors	Generic
7SEG-COM-CAT-GRN	Optoelectronics	7-Segment Displays
74LS245	TTL74LS series	Transceivers
BUTTON	Switches & Relays	Switches

元件全部添加后，在 Proteus ISIS 编辑区域中按图 9-5 所示的原理图连接硬件电路。

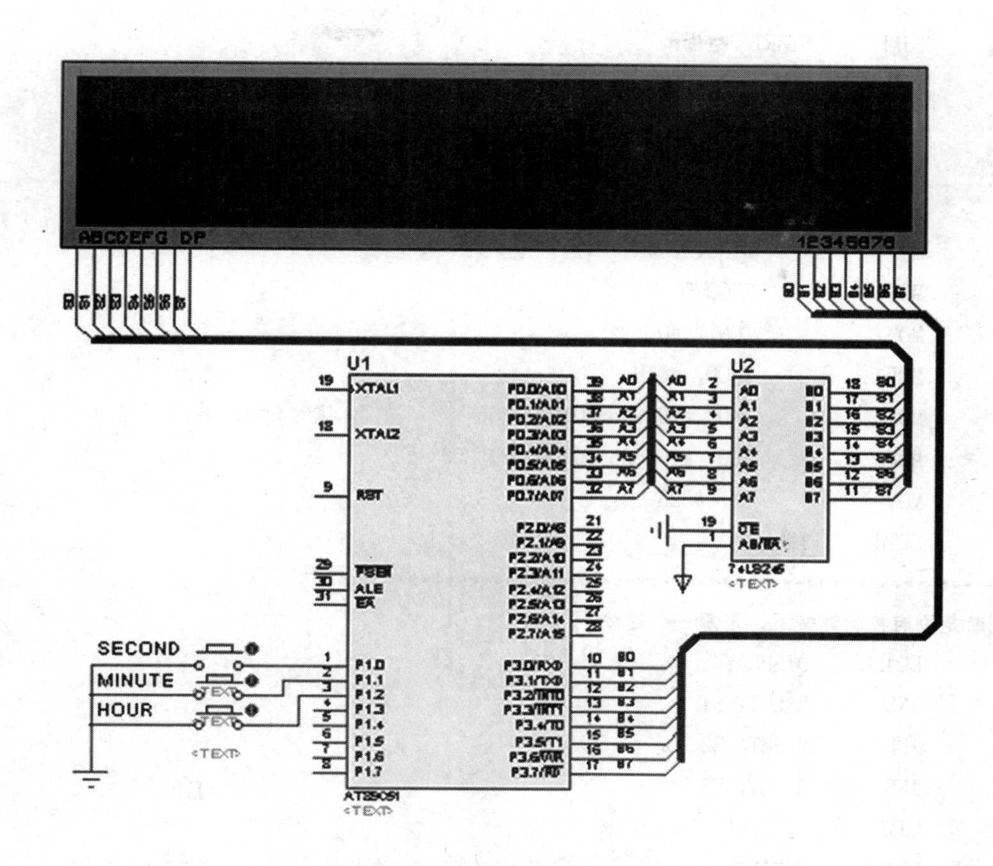

图 9-5　电路原理图

9.3.2　程序设计

1. 方法

本例采用单片机内部定时器中断服务技术，对秒、分钟和小时计数。

2. 程序流程

数字钟设计程序流程如图 9-6 所示。

3. 源程序

```
S_SET    BIT    P1.0                       ; 数字钟秒控制位
M_SET    BIT    P1.1                       ; 分钟控制位
H_SET    BIT    P1.2                       ; 小时控制位
SECOND   EQU    30H
MINUTE   EQU    31H
HOUR     EQU    32H
TCNT     EQU    34H
         ORG    00H
```

```
        SJMP    START
        ORG     0BH
        LJMP    INT_T0
START:  MOV         DPTR, #TABLE
        MOV         HOUR, #0                        ; 初始化
        MOV         MINUTE, #0
        MOV         SECOND, #0
        MOV         TCNT, #0
        MOV         TMOD, #01H
        MOV         TH0, #(65536-50000)/256         ; 定时 50ms
        MOV         TL0, #(65536-50000)MOD 256
        MOV         IE, #82H
        SETB    TR0
; ***************************************************
; 判断是否有控制键按下，是哪一个键按下
A1:     LCALL   DISPLAY
        JNB     S_SET, S1
        JNB     M_SET, S2
        JNB     H_SET, S3
        LJMP    A1
    S1: LCALL   DELAY                           ; 去抖动
        JB      S_SET, A1

        INC     SECOND                          ; 秒值加 1
        MOV         A, SECOND
        CJNE    A, #60, J0                      ; 判断是否加到 60s
        MOV         SECOND, #0
        LJMP    K1
    S2: LCALL   DELAY
        JB      M_SET, A1

    K1: INC     MINUTE                          ; 分钟值加 1
        MOV         A, MINUTE
        CJNE    A, #60, J1                      ; 判断是否加到 60min
        MOV         MINUTE, #0
        LJMP    K2
    S3: LCALL   DELAY
```

```
        JB      H_SET, A1

    K2: INC     HOUR                        ; 小时值加 1
        MOV         A, HOUR
        CJNE    A, #24, J2                  ; 判断是否加到 24h
        MOV         HOUR, #0
        MOV         MINUTE, #0
        MOV         SECOND, #0
        LJMP    A1
; ****************************************************
; 等待按键抬起
J0:     JB      S_SET, A1
        LCALL   DISPLAY
        SJMP    J0
J1:     JB      M_SET, A1
        LCALL   DISPLAY
        SJMP    J1
J2:     JB      H_SET, A1
        LCALL   DISPLAY
        SJMP    J2
; ***********************************************
; 定时器中断服务程序，对秒、分钟和小时的计数
INT_T0: MOV         TH0, #(65536-50000)/256
        MOV         TL0, #(65536-50000)MOD 256
        INC     TCNT
        MOV         A, TCNT
        CJNE    A, #20, RETUNE              ; 计时 1s
        INC     SECOND
        MOV         TCNT, #0
        MOV         A, SECOND
        CJNE    A, #60, RETUNE
        INC     MINUTE
        MOV         SECOND, #0
        MOV         A, MINUTE
        CJNE    A, #60, RETUNE
        INC     HOUR
        MOV         MINUTE, #0
```

```
        MOV         A, HOUR
        CJNE    A, #24, RETUNE
        MOV         HOUR, #0
        MOV         MINUTE, #0
        MOV         SECOND, #0
        MOV         TCNT, #0
RETUNE: RETI
; ******************************************
; 显示控制子程序
DISPLAY: MOV        A, SECOND              ; 显示秒
        MOV         B, #10
        DIV     AB
        CLR     P3.6
        MOVC    A, @A+DPTR
        MOV         P0, A
        LCALL   DELAY
        SETB    P3.6
        MOV         A, B
        CLR     P3.7
        MOVC    A, @A+DPTR
        MOV         P0, A
        LCALL   DELAY
        SETB    P3.7

        CLR     P3.5
        MOV         P0, #40H               ; 显示分隔符
        LCALL   DELAY
        SETB    P3.5

        MOV         A, MINUTE              ; 显示分钟
        MOV         B, #10
        DIV     AB
        CLR     P3.3
        MOVC    A, @A+DPTR
        MOV         P0, A
        LCALL   DELAY
        SETB    P3.3
```

```
        MOV         A，B
        CLR     P3.4
        MOVC    A，@A+DPTR
        MOV         P0，A
        LCALL   DELAY
        SETB    P3.4

        CLR     P3.2
        MOV         P0，#40H                  ；显示分隔符
        LCALL   DELAY
        SETB    P3.2

        MOV         A，HOUR                   ；显示小时
        MOV         B，#10
        DIV     AB
        CLR     P3.0
        MOVC    A，@A+DPTR
        MOV         P0，A
        LCALL   DELAY
        SETB    P3.0
        MOV         A，B
        CLR     P3.1
        MOVC    A，@A+DPTR
        MOV         P0，A
        LCALL   DELAY
        SETB    P3.1
        RET

TABLE:  DB      3FH，06H，5BH，4FH，66H
        DB      6DH，7DH，07H，7FH，6FH
DELAY:  MOV         R6，#10
D1:     MOV         R7，#250
        DJNZ    R7，$
        DJNZ    R6，D1
        RET

        END
```

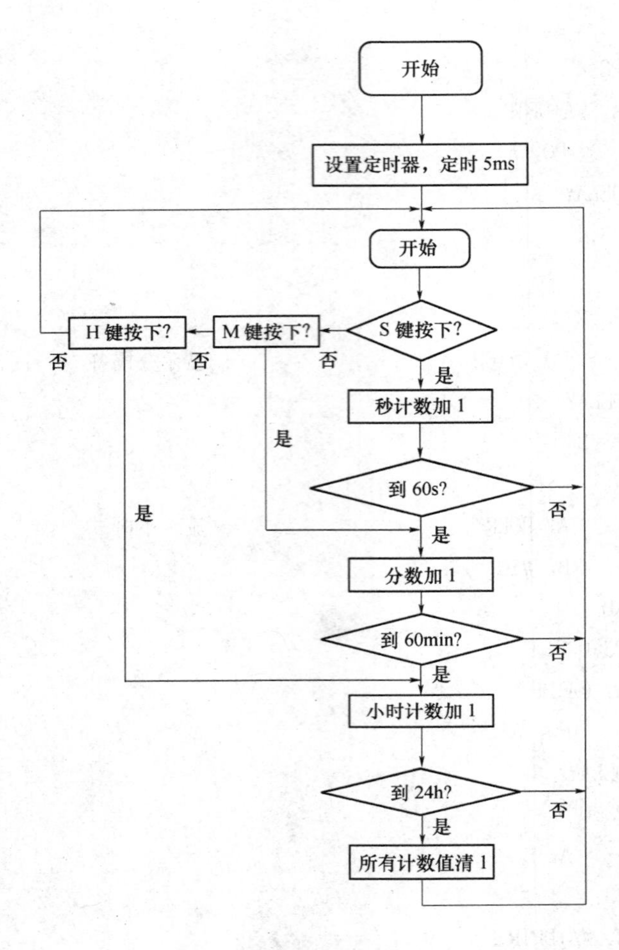

图 9-6 数字钟设计程序流程

9.3.3 调试与仿真

(1) 打开 Keil μVision3，新建 Keil 项目，选择 AT89C51 单片机作 CPU，新建汇编源文件，编写程序，并将其导入到“Source Group 1”中。在“Options for Target”对话框中，选中“Output”选项卡中的“Create HEX File”选项和“Debug”选项卡中的“Use：Proteus VSM Simulator”选项。编译汇编源程序，改正程序中的错误。

(2) 在 Proteus ISIS 中选中 AT89C51 并单击鼠标左键，打开“Edit Component”对话框，设置单片机晶振频率为 12MHz，在此对话框中的“Program File”栏中，选择之前用 Keil 生成的.HEX 文件。在 Proteus ISIS 菜单栏中选择“File”→“Save Design”选项，保存设计。在 Proteus ISIS 菜单栏中，打开“Debug”下拉菜单，在菜单中选中“Use Remote Debug Monitor”选项，以支持与 Keil 的联合调试。

(3) 在 Keil 的菜单栏中选择“Debug” →“Start/Stop Debug Session”选项，或者直接单击工具栏中的“Debug > Start/stop Debug Session”图标，进入程序调试环境。按 F5 键，顺序运行程序。调出“Proteus ISIS”界面，观察程序运行结果。

9.4　计算器设计

功能要求：采用 4×4 键盘，16 键依次对应 0～9，“+”、“－”、“×”、“÷”、“=”和清零键。可以进行小于 255 数的加减乘除运算，并可以连续运算。当输入值大于 255 时，将自动清零，可以重新输入。

9.4.1　硬件设计

打开 Proteus ISIS 编辑环境，按表 9-6 所列的元件清单添加元件。

表 9-6　元件清单

元 件 名 称	所 属 类	所 属 子 类
AT89C51	Microprocessor ICs	8051 Family
CAP	Capacitors	Generic
CAP-ELEC	Capacitors	Generic
CRYSTAL	Miscellaneous	—
RES	Resistors	Generic
7SEG-COM-CAT-GRN	Optoelectronics	7-Segment Displays
74LS164	TTL74LS series	Registers
KEYPAD-SMALLCALC	Switches & Relays	Keypads

元件全部添加后，在 Proteus ISIS 编辑区域中按图 9-7 所示的原理图连接硬件电路。

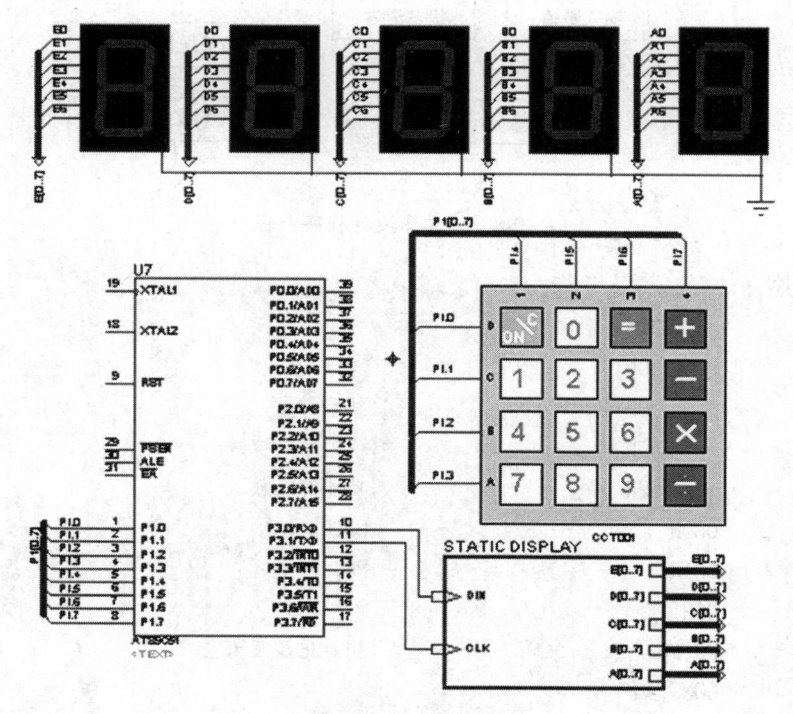

图 9-7　电路原理图

9.4.2 程序设计

1. 方法

本例采用了键盘扫描程序和数值显示缓存技术。

2. 程序流程

计算器设计程序流程如图 9-8 所示。

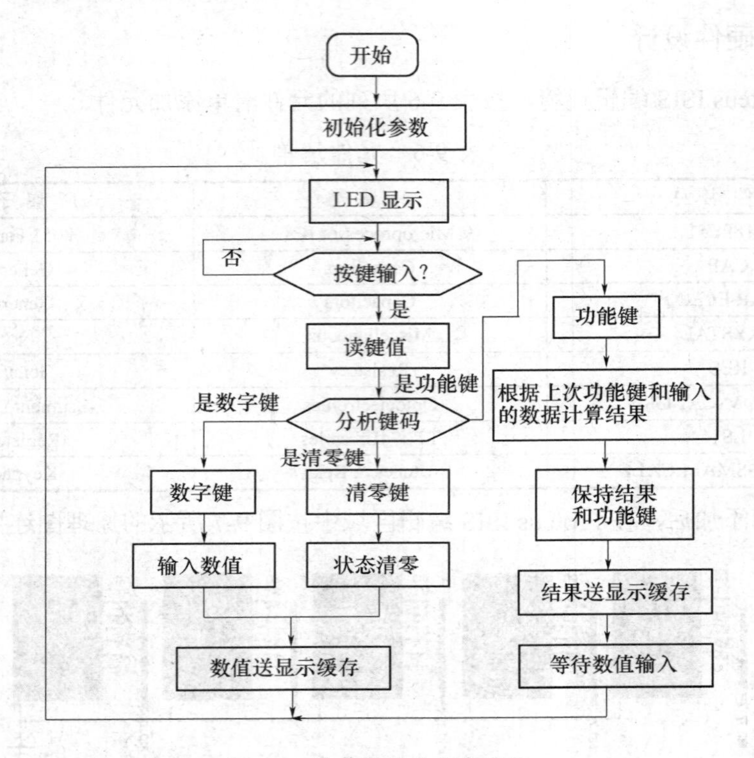

图 9-8 计算器设计程序流程

3. 源程序

```
DBUF     EQU      30H
TEMP     EQU      40H
YJ       EQU      50H                 ;结果存放
YJ1      EQU      51H                 ;中间结果存放
GONG     EQU      52H                 ;功能键存放
DIN      BIT      0B0H                ;P3.0
CLK      BIT      0B1H                ;P3.1
         ORG      00H
START:   MOV      R3,#0               ;初始化显示为空
         MOV      GONG,#0
         MOV      30H,#10H
```

```
        MOV     31H,#10H
        MOV     32H,#10H
        MOV     33H,#10H
        MOV     34H,#10H
MLOOP:  CALL        DISP                ;PAN 调显示子程序
WAIT:   CALL        TESTKEY             ;判断有无按键
        JZ      WAIT
        CALL    GETKEY                  ;读键
        INC     R3                      ;按键个数
        CJNE    A,#0,NEXT1              ;判断是否数字键
        LJMP    E1                      ;转数字键处理
NEXT1:  CJNE    A,#1,NEXT2
        LJMP    E1
NEXT2:  CJNE    A,#2,NEXT3
        LJMP    E1
NEXT3:  CJNE    A,#3,NEXT4
        LJMP    E1
NEXT4:  CJNE    A,#4,NEXT5
        LJMP    E1
NEXT5:  CJNE    A,#5,NEXT6
        LJMP    E1
NEXT6:  CJNE    A,#6,NEXT7
        LJMP    E1
NEXT7:  CJNE    A,#7,NEXT8
        LJMP    E1
NEXT8:  CJNE    A,#8,NEXT9
        LJMP    E1
NEXT9:  CJNE    A,#9,NEXT10
        LJMP    E1
NEXT10: CJNE    A,#10,NEXT11        ;判断是否功能键
        LJMP    E2                  ;转功能键处理
NEXT11: CJNE    A,#11,NEXT12
        LJMP    E2
NEXT12: CJNE    A,#12, NEXT13
        LJMP    E2
NEXT13: CJNE    A,#13,NEXT14
        LJMP    E2
NEXT14: CJNE    A,#14,NEXT15
```

```
        LJMP    E2
NEXT15: LJMP    E3              ;判断是否清除键
E1:     CJNE    R3,#1,N1        ;判断第几次按键
        LJMP    E11             ;为第一个数字
N1:     CJNE    R3,#2,N2
        LJMP    E12             ;为第二个数字
N2:     CJNE    R3,#3,N3
        LJMP    E13             ;为第三个数字
N3:     LJMP    E3              ;第四个数字转溢出
E11: MOV    R4,A                ;输入值暂存 R4
        MOV     34H,A           ;输入值送显示缓存
        MOV     33H,#10H
        MOV     32H,#10H
        LJMP    MLOOP           ;等待再次输入
E12: MOV    R7,A                ;个位数暂存 R7
        MOV     B,#10
        MOV     A,R4
        MUL     AB              ;十位数
        ADD     A,R7
        MOV     R4,A            ;输入值存 R4
        MOV     32H,#10H        ;输入值送显示缓存
        MOV     33H,34H
        MOV     34H,R7
        LJMP    MLOOP
E13:    MOV     R7,A
        MOV     B,#10
        MOV     A,R4
        MUL     AB
        JB      OV,E3           ;输入溢出
        ADD     A,R7
        JB      CY,E3           ;输入溢出
        MOV     R4,A
        MOV     32H,33H         ;输入值送显示缓存
        MOV     33H,34H
        MOV     34H,R7
        LJMP    MLOOP
E3:     MOV     R3,#0           ;按键次数清零
        MOV     R4,#0           ;输入值清零
```

```
        MOV     YJ,#0                   ;计算结果清零
        MOV     GONG,#0                 ;功能键设为零
        MOV     30H,#10H                ;显示清空
        MOV     31H,#10H
        MOV     32H,#10H
        MOV     33H,#10H
        MOV     34H,#10H
        LJMP    MLOOP
E2:     MOV     34H,#10H
        MOV     33H,#10H
        MOV     32H,#10H
        MOV     R0,GONG                 ;与上次功能键交换
        MOV     GONG,A
        MOV     A,R0
        CJNE    A,#10,N21               ;判断功能键
        LJMP    JIA                     ;“+”
N21:    CJNE    A,#11,N22
        LJMP    JIAN                    ;“-”
N22:    CJNE    A,#12,N23
        LJMP    CHENG                   ;“*”
N23:    CJNE    A,#13,N24
        LJMP    CHU                     ;“/”
N24:    CJNE    A,#0,N25
        LJMP    FIRST                   ;首次按功能键
N25:    LJMP    DEN                     ;“=”
N4:     LJMP    E3
FIRST:  MOV     YJ,R4                   ;输入值送结果
        MOV     R3,#0                   ;按键次数清零
        LJMP    DISP1                   ;结果处理
JIA:    MOV     A,YJ                    ;上次结果送累加器
        ADD     A,R4                    ;上次结果加输入值
        JB      CY,N4                   ;溢出
        MOV     YJ,A                    ;存本次结果
        MOV     R3,#0                   ;按键次数清零
        LJMP    DISP1
JIAN:   MOV     A,YJ
        SUBB    A,R4                    ;上次结果减输入值
        JB      CY,N4                   ;负数溢出
```

```
        MOV     YJ,A
        MOV     R3,#0
        LJMP    DISP1
CHENG:  MOV     A,YJ
        MOV     B,A
        MOV     A,R4
        MUL     AB                      ;上次结果乘输入值
        JB      OV,N4                   ;溢出
        MOV     YJ,A
        LJMP    DISP1
CHU:    MOV     A,R4
        MOV     B,A
        MOV     A,YJ
        DIV     AB                      ;上次结果除输入值
        MOV     YJ,A
        MOV     R3,#0
        LJMP    DISP1
DEN:    MOV     R3,#0
        LJMP    DISP1
DISP1:  MOV         B,#10
        MOV         A,YJ                ;结果送累加器
        DIV     AB                      ;结果除 10
        MOV         YJ1,A               ;暂存“商”
        MOV         A,B                 ;取个位数
        MOV         34H,A               ;个位数送显示缓存
        MOV         A,YJ1
        JZ      DISP11                  ;结果是否为一位数
        MOV         B,#10
        MOV         A,YJ1
        DIV     AB
        MOV         YJ1,A
        MOV         A,B
        MOV         33H,A               ;十位送显示缓存
        MOV         A,YJ1
        JZ      DISP11                  ;结果是否为二位数
        MOV         32H,A               ;百位数送显示缓存
DISP11: LJMP    MLOOP
DISP:   MOV         R0,#DBUF            ;显示子程序
```

```
        MOV     R1,#TEMP+4
        MOV     R2,#5
DP10:   MOV     DPTR,#SEGTAB
        MOV     A,@R0
        MOVC    A,@A+DPTR
        MOV     @R1,A
        INC     R0
        DEC     R1
        DJNZ    R2,DP10
        MOV     R0,#TEMP
        MOV     R1,#5
DP12:   MOV     R2,#8
        MOV     A,@R0
DP13:   RLC     A
        MOV     DIN,C
        CLR     CLK
        SETB    CLK
        DJNZ    R2,DP13
        INC     R0
        DJNZ    R1,DP12
        RET
SEGTAB: DB      3FH,06H,5BH,4FH,66H,6DH;段码定义
        DB      7DH,07H,7FH,6FH,77H,7CH
        DB      39H,5EH,79H,71H,00H,40H
TESTKEY:
        MOV     P1,#0FH                 ;读入键状态
        MOV     A,P1
        CPL     A
        ANL     A,#0FH                  ;高四位不用
        RET
KEYTABLE:
        DB      0DEH,0EDH,0DDH,0BDH     ;键码定义
        DB      0EBH,0DBH,0BBH,0E7H
        DB      0D7H,0B7H,07EH,07DH
        DB      07BH,077H,0BEH,0EEH
GETKEY:                                 ;读键子程序
        MOV     R6,#10
        ACALL   DELAY
```

```
        MOV     P1,#0FH
        MOV     A,P1
        CJNE    A,0FH,K12
        LJMP    MLOOP
K12:    MOV     B,A
        MOV     P1,#0EFH
        MOV     A,P1
        CJNE    A,#0EFH,K13
        MOV     P1,#0DFH
        MOV     A,P1
        CJNE    A,#0DFH,K13
        MOV     P1,#0BFH
        MOV     A,P1
        CJNE    A,#0BFH,K13
        MOV     P1,#07FH
        MOV     A,P1
        CJNE    A,#07FH,K13
        LJMP    MLOOP
K13:    ANL     A,#0F0H
        ORL     A,B
        MOV     B,A
        MOV     R1,#16
        MOV     R2,#0
        MOV     DPTR,#KEYTABLE
K14:    MOV     A,R2
        MOVC    A,@A+DPTR
        CJNE    A,B,K16
        MOV     P1,#0FH
K15:    MOV     A,P1
        CJNE    A,#0FH,K15
        MOV     R6,#10
        ACALL   DELAY
        MOV     A,R2
        RET
K16:    INC     R2
        DJNZ    R1,K14
        AJMP    MLOOP
DELAY:  MOV     R7,#80                  ;延时子程序
```

```
DLOOP:   DJNZ    R7,DLOOP
         DJNZ    R6,DLOOP
         RET
         END
```

9.4.3　调试与仿真

(1) 打开 Keil μVision3，新建 Keil 项目，选择 AT89C51 单片机作 CPU，新建汇编源文件，编写程序，并将其导入到“Source Group 1”中。在“Options for Target”对话框中，选中“Output”选项卡中的“Create HEX File”选项和“Debug”选项卡中的“Use：Proteus VSM Simulator”选项。编译汇编源程序，改正程序中的错误。

(2) 在 Proteus ISIS 中选中 AT89C51 并单击鼠标左键，打开“Edit Component”对话框，设置单片机晶振频率为 12MHz，在此对话框中的“Program File”栏中，选择之前用 Keil 生成的.HEX 文件。在 Proteus ISIS 菜单栏中选择“File”→“Save Design”选项，保存设计。在 Proteus ISIS 菜单栏中，打开“Debug”下拉菜单，在菜单中选中“Use Remote Debug Monitor”选项，以支持与 Keil 的联合调试。

(3) 在 Keil 的菜单栏中选择“Debug”→“Start/Stop Debug Session”选项，或者直接单击工具栏中的“Debug > Start/stop Debug Session”图标，进入程序调试环境。按 F5 键，顺序运行程序。调出“Proteus ISIS”界面观察运行结果。

9.5　电子密码锁设计

功能要求：所设计的单片机控制的密码，具有按键有效指示、解码有效指示、控制开锁电平、控制报警、密码修改等功能。

9.5.1　硬件设计

打开 Proteus ISIS 编辑环境，按表 9-7 所列的元件清单添加元件。

表 9-7　元件清单

元件名称	所属类	所属子类
AT89C51	Microprocessor ICs	8051 Family
CAP	Capacitors	Generic
CAP-POL	Capacitors	Generic
CRYSTAL	Miscellaneous	—
RES	Resistors	Generic
BUTTON	Switches & Relays	Switches
LED-YELLOW	Optoelectronics	LEDs
BUZZER	Speaker & Sounders	—

元件全部添加后，在 Proteus ISIS 编辑区域中按图 9-9 所示的原理图连接硬件电路。

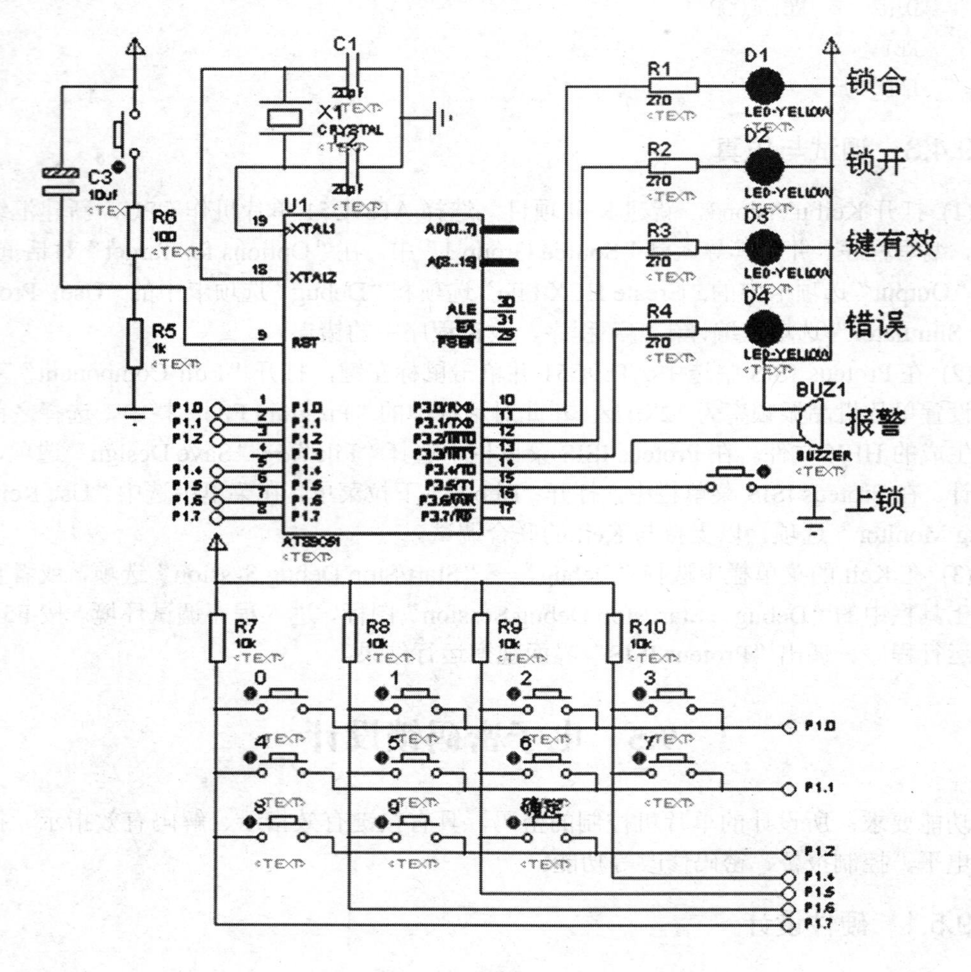

图 9-9　电路原理图

9.5.2　程序设计

1. 方法

密码锁的控制程序分由延时子程序、修改密码子程序、键盘读入子程序、校验密码子程序及主程序组成。

锁的初始状态为“锁合”指示灯亮。输入初始密码“0、1、2、3、4、5、6、7”，每输入一位，“键有效”指示灯亮 05S；输完 8 位按“确定”键，锁打开，“锁开”指示灯亮；按“上锁”键，锁又重新上锁，“锁合”指示灯亮。“锁开”状态下，可输入新密码，按“确定”键后更改密码；可重复修改密码。如果输入密码错误，“错误”指示灯亮 05S，可重新输入密码。输入错误密码超过 3 次，蜂鸣器启动发出报警，同时错误指示灯常亮。注意，密码必须是 8 位，如需改变密码位数，需修改寄存器 R4 值。

2. 程序流程

电子密码锁设计如图 9-10 所示。

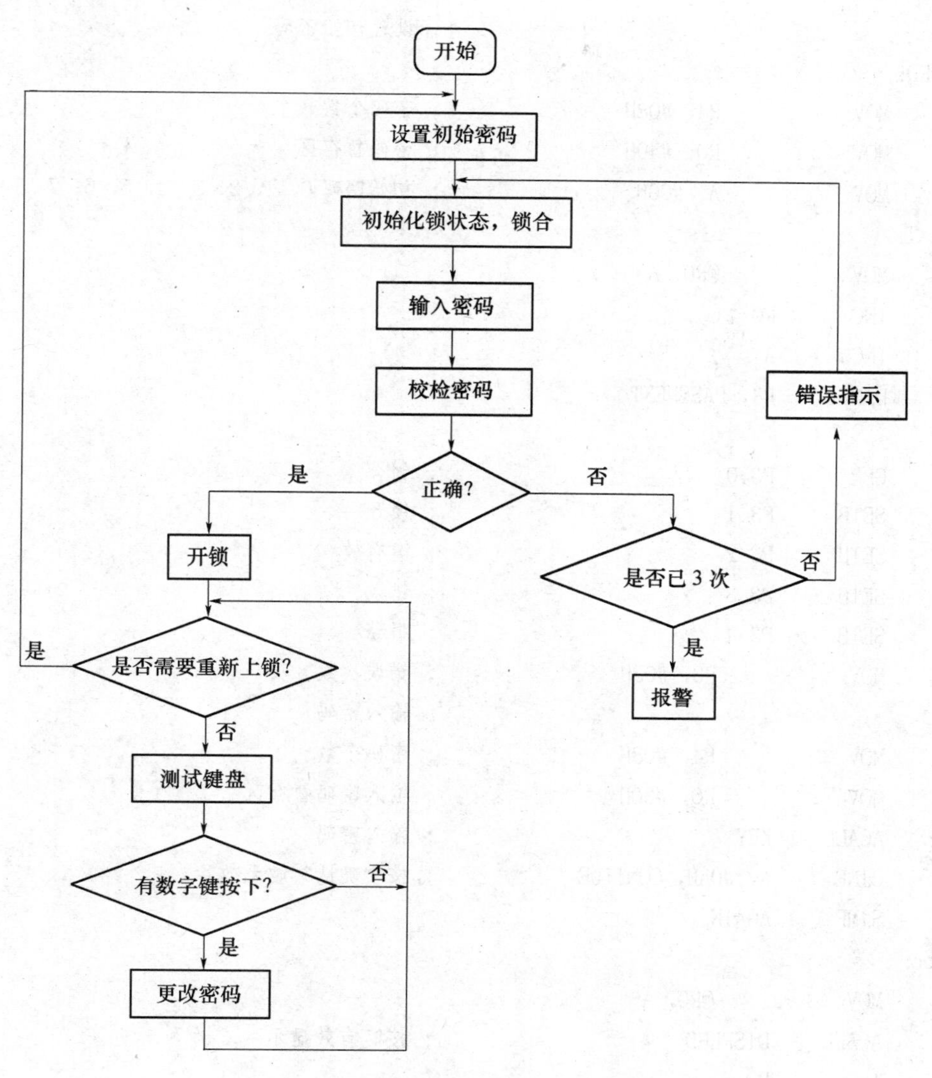

图 9-10　电子密码锁设计如图 9-10 所示。

3. 源程序

```
; R3—输入错误次数
; R4—密码个数
; R7—输入密码暂存
; R2—键值暂存
; R6—延时参数
        ORG         00H
        SJMP        START
```

```
        ORG         0BH
START:
                                          ; 设置初始密码
PASSWORD:
        MOV         R4, #08H              ; 密码个数 8 个
        MOV         R0, #40H              ; 密码暂存区
        MOV         A, #00H               ; 初始密码 0、1、2、3、4、5、6、7
PASSNEXT:
        MOV         @R0, A
        INC     R0
        INC     A
        DJNZ    R4, PASSNEXT
MLOOP:
        CLR     P3.0                      ; 锁合
        SETB    P3.1                      ; 锁开
        SETB    P3.2                      ; 键有效
        SETB    P3.3                      ; 错误
        SETB    P3.4                      ; 报警
        MOV         R3, #03H              ; 错误次数 3 次
                                          ; 输入密码
GETPW:  MOV         R4, #08H              ; 密码个数
        MOV         R0, #30H              ; 输入密码暂存区
AGAIN:  ACALL   KEY                       ; 输入密码
        CJNE    A, #0AH, CONTIUE          ; 按“确认”键无效
        SJMP    AGAIN
CONTIUE:
        MOV         @R0, A
        ACALL   DISPLED                   ; 按键有效显示
        INC     R0
        DJNZ    R4, AGAIN
AGAIN1: ACALL   KEY                       ; 按“确认”键
        CJNE    A, #0AH, AGAIN1
        ACALL   DISPLED                   ; 按“确认”键有效显示
        ACALL   COMP                      ; 比较密码
        SETB    P3.0                      ; 息锁合
        CLR     P3.1                      ; 开锁
WAIT:   MOV         C, P3.5               ; 是否重新上锁
        JNC     MLOOP                     ; 主循环
```

```
        ACALL   TestKey                 ; 是否有键按下，是否修改密码
        JZ      WAIT                    ; 累加器的内容为0，则转移；否则执行下一条指令
        ACALL   CHPSW                   ; 修改密码子程序
        SJMP    WAIT
COMP:   MOV         R4，#08H
        MOV         R0，#30H
AGAI:   MOV         50H，@R0            ; 取输入密码到50H
        MOV         A，R0
        ADD     A，#010H                ; 40H
        MOV         R0，A
        MOV         A，@R0              ; 取密码
        MOV         B，A
        MOV         A，R0
        SUBB    A，#010H                ; 30H
        MOV         R0，A
        MOV         A，B
        CJNE    A，50H，ONCEMORE        ; 比较
        INC         R0
        DJNZ    R4，AGAI
        RET                             ; 正确返回
ONCEMORE:
        CLR     P3.3                    ; 输入错误
        MOV         R6，#0FFH
        ACALL   DELAY
        MOV         R6，#0FFH
        ACALL   DELAY
        SETB    P3.3
        DJNZ    R3，GETPW               ; 3次错误输入
        CLR     P3.4                    ; 声报警
        CLR     P3.3                    ; 光报警
W:      SJMP    W
                                        ; 修改密码子程序
CHPSW:  MOV         R4，#07H
        MOV         R0，#48H
        ACALL   KEY
        CJNE    A，#0AH，CONTIUE2       ; 按“确认”键无效
        LJMP    WAIT                    ; 返回
CONTIUE2:
```

```
        MOV     @R0, A
        INC     R0
        ACALL   DISPLED                     ; 按键有效显示
ANOTHER:
        ACALL   KEY
        CJNE    A, #0AH, CONTIUE3           ; 按“确认”键无效
        SJMP    ANOTHER
CONTIUE3:
        MOV         @R0, A
        INC     R0
        ACALL   DISPLED                     ; 按键有效显示
        DJNZ    R4, ANOTHER
AGAIN2: ACALL   KEY                         ; 按“确认”键
        CJNE    A, #0AH, AGAIN2
        ACALL   DISPLED                     ; 按“确认”键有效显示
        MOV         R4, #08H
        MOV         R0, #40H
        MOV         R1, #48H
CHANGE:                                     ; 确认后修改密码
        MOV         A, @R1
        MOV         @R0, A
        INC     R0
        INC     R1
        DJNZ    R4, CHANGE
        RET
                                            ; 按键有效显示
DISPLED:
        CLR     P3.2                        ; 按键有效显示
        MOV         R6, #80H
        ACALL   DELAY
        SETB    P3.2
        RET
TestKey: MOV    P1, #0FH
        MOV         A, P1                   ; 读入键状态
        CPL     A                           ; 累加器取
        ANL     A, #0F0H
        RET
                                            ; 取键值子程序，阵列式键盘
```

```
KEY:    MOV     P1，#0F0H
        MOV     A，P1
        CJNE    A，#0F0H，K11
K10:    AJMP    KEY
K11:    MOV     R6，#02H
        ACALL   DELAY
        MOV     P1，#0F0H
        MOV     A，P1
        CJNE    A，0F0H，K12
        SJMP    K10
K12:    MOV     B，A
        MOV     P1，#0FH
        MOV     A，P1
        CJNE    A，#0FH，K122
K121:   AJMP    KEY
K122:   MOV     R6，#02H
        ACALL   DELAY
        MOV     P1，#0FH
        MOV     A，P1
        CJNE    A，0FH，K13
        AJMP    K10
K13:
        ANL     A，B
        MOV     B，A
        MOV     R1，#11
        MOV     R2，#0
        MOV     DPTR，#K1TAB
K14:    MOV     A，R2
        MOVC    A，@A+DPTR
        CJNE    A，B，K16
        MOV     P1，#0FH
K15:    MOV     A，P1
        CJNE    A，#0FH，K15
        MOV     R6，#02H
        ACALL   DELAY
        MOV     A，R2
        RET
K16:    INC     R2
```

```
        DJNZ    R1, K14
        AJMP    K10
                                ; 键码表
K1TAB:  DB      81H, 41H, 21H, 11H
        DB      82H, 42H, 22H, 12H
        DB      84H, 44H, 24H
                                ; 延时子程序
DELAY:  MOV     R6, #80H
AA1:    MOV     R5, #0F8H
AA:     NOP
        NOP
        DJNZ    R5, AA
        DJNZ    R6, AA1
        RET
        END
```

9.5.3 调试与仿真

(1) 打开 Keil μVision3，新建 Keil 项目，选择 AT89C51 单片机作 CPU，新建汇编源文件，编写程序，并将其导入到"Source Group 1"中。在"Options for Target"对话框中，选中"Output"选项卡中的"Create HEX File"选项和"Debug"选项卡中的"Use：Proteus VSM Simulator"选项。编译汇编源程序，改正程序中的错误。

(2) 在 Proteus ISIS 中选中 AT89C51 并单击鼠标左键，打开"Edit Component"对话框，设置单片机晶振频率为 12MHz，在此对话框中的"Program File"栏中，选择之前用 Keil 生成的.HEX 文件。在 Proteus ISIS 菜单栏中选择"File"→"Save Design"选项，保存设计。在 Proteus ISIS 菜单栏中，打开"Debug"下拉菜单，在菜单中选中"Use Remote Debug Monitor"选项，以支持与 Keil 的联合调试。

(3) 在 Keil 的菜单栏中选择"Debug"→"Start/Stop Debug Session"选项，或者直接单击工具栏中的"Debug > Start/stop Debug Session"图标，进入程序调试环境。按 F5 键，顺序运行程序。调出"Proteus ISIS"界面，验证程序功能。

9.6 驱动直流电动机的设计

功能要求：利用单片机常用的模拟量输出方法，通过外接的转换电路，将占空比不同的脉冲转换成不同的电压，驱动直流电动机转动从而得到不同的转速。在程序中通过调整输出脉冲的占空比来调节输出模拟电压。

9.6.1 硬件设计

打开 Proteus ISIS 编辑环境，按表 9-8 所列的元件清单添加元件。

表 9-8　元件清单

元件名称	所属类	所属子类
AT89C51	Microprocessor ICs	8051 Family
CAP	Capacitors	Generic
CAP-ELEC	Capacitors	Generic
CRYSTAL	Miscellaneous	—
RES	Resistors	Generic
POT-HG	Resistors	Variable
ADC0808	Data Converters	A/D Converters
2N2222A	Transistors	Bipolar
MOTOR	Electromechanical	—
OP07	Operational Amplifiers	Single

元件全部添加后，在 Proteus ISIS 编辑区域中按图 9-11 所示的原理图连接硬件电路。

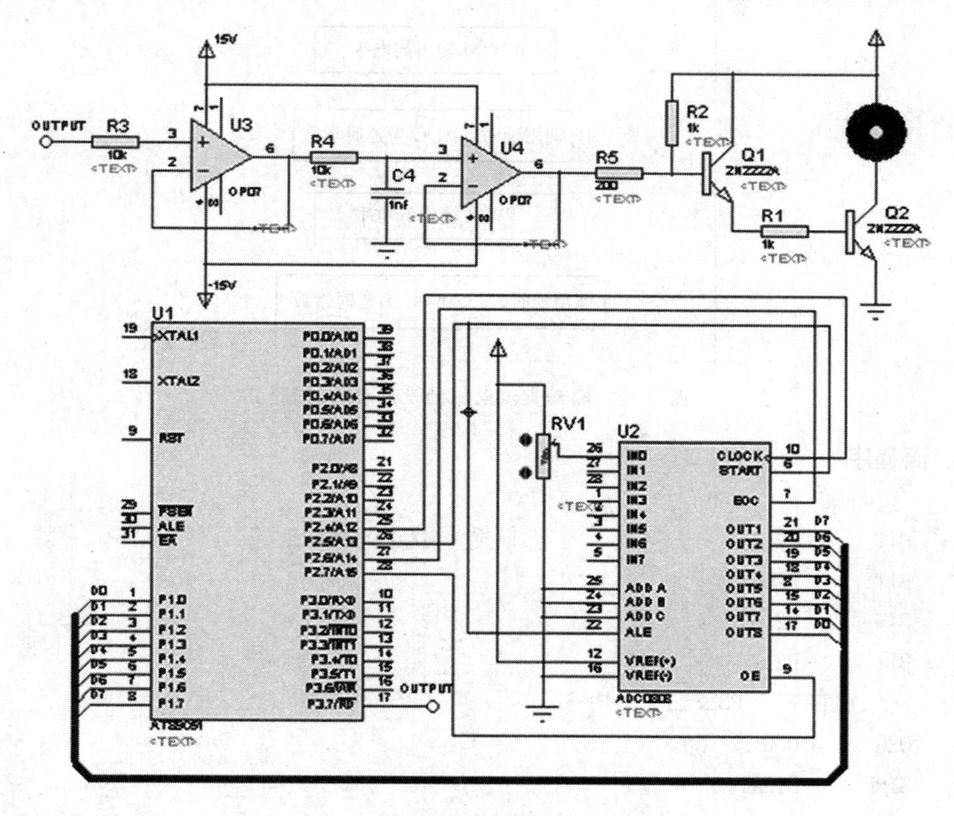

图 9-11　电路原理图

9.6.2　程序设计

1. 方法

用电位器调节 AT89C51 的 PWM(高低电平比例可调的脉冲)输出占空比，将 A/D 转换后的数据作为延时常数。当电位器阻值发生变化时，ADC0808 输出的值也会发生变化，进而调节单片机输出的 PWM 占空比，控制直流电机的转速。

2. 程序流程

驱动直流电机的设计程序流程如图 9-12 所示。

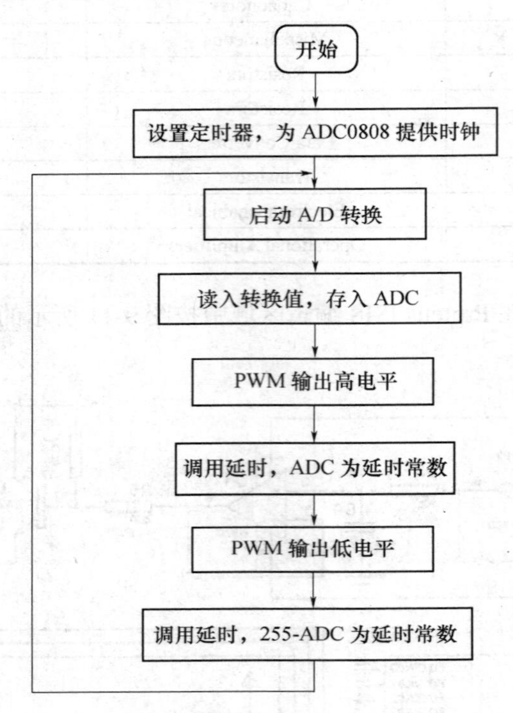

图 9-12　驱动直流电机的设计程序流程

3. 源程序

```
ADC          EQU      35H
CLOCK    BIT      P2.4                      ；定义 ADC0808 时钟位
ST       BIT      P2.5
EOC      BIT      P2.6
OE       BIT      P2.7
PWM          BIT      P3.7
         ORG      00H
         SJMP     START
         ORG          0BH
         LJMP     INT_T0
START:   MOV          TMOD，#02H            ；
         MOV          TH0，#20
         MOV          TL0，#00H
         MOV          IE，#82H
```

```
        SETB    TRO

WAIT:   CLR     ST
        SETB    ST
        CLR     ST                      ; 启动 AD 转换
        JNB     EOC, $                  ; 等待转换结束
        SETB    OE
        MOV     ADC, P1                 ; 读取 AD 转换结果
        CLR     OE
        SETB    PWM                     ; PWM 输出
        MOV     A, ADC
        LCALL   DELAY
        CLR     PWM
        MOV         A, #255
        SUBB    A, ADC
        LCALL   DELAY
        SJMP    WAIT

INT_TO: CPL     CLOCK                   ; 提供 ADC0808 时钟信号
        RETI

DELAY:  MOV         R6, #1
D1:     DJNZ    R6, D1
        DJNZ    ACC, D1
        RET

        END
```

9.6.3 调试与仿真

(1) 打开 Keil μVision3，新建 Keil 项目，选择 AT89C51 单片机作 CPU，新建汇编源文件，编写程序，并将其导入到“Source Group 1”中。在“Options for Target”对话框中，选中“Output”选项卡中的“Create HEX File”选项和“Debug”选项卡中的“Use：Proteus VSM Simulator”选项。编译汇编源程序，改正程序中的错误。

(2) 在 Proteus ISIS 中选中 AT89C51 并单击鼠标左键，打开“Edit Component”对话框，设置单片机晶振频率为 12MHz，在此对话框中的“Program File”栏中，选择之前用 Keil 生成的.HEX 文件。在 Proteus ISIS 菜单栏中选择“File”→“Save Design”选项，保存设计。在 Proteus ISIS 菜单栏中，打开“Debug”下拉菜单，在菜单中选中“Use Remote Debug Monitor”选项，以支持与 Keil 的联合调试。

(3) 在 Keil 的菜单栏中选择“Debug” →“Start/Stop Debug Session”选项，或者直接单击工具栏中的“Debug > Start/stop Debug Session”图标，进入程序调试环境。按 F5 键，顺序运行程序。调出“Proteus ISIS”界面，调节电位器，观察直流电动机转速的变化。

9.7 驱动步进电动机的设计

功能要求：利用单片机产生脉冲信号驱动步进电动机运转。

9.7.1 硬件设计

打开 Proteus ISIS 编辑环境，按表 9-9 所列的元件清单添加元件。

表 9-9 元件清单

元件名称	所属类	所属子类
AT89C51	Microprocessor ICs	8051 Family
CAP	Capacitors	Generic
CAP-POL	Capacitors	Generic
CRYSTAL	Miscellaneous	—
RES	Resistors	Generic
BUTTON	Switches & Relays	Switches
MOTOR-STEPPER	Electromechanical	—
ULN2003A	Analog ICs	Miscellaneous

元件全部添加后，在 Proteus ISIS 编辑区域中按图 3-7 所示的原理图连接硬件电路。

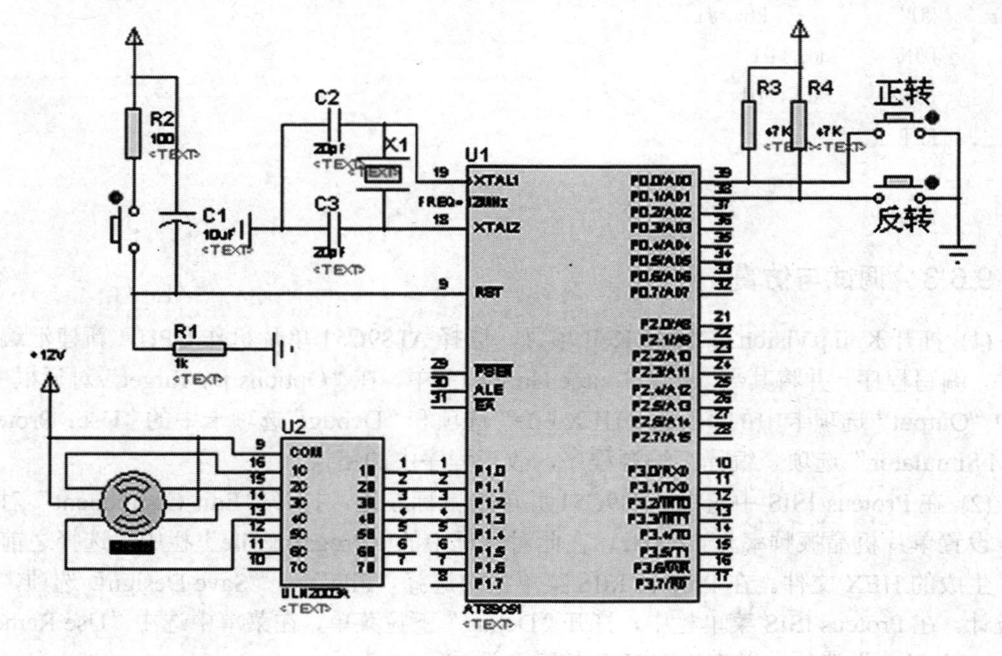

图 9-13 电路原理图

9.7.2 程序设计

1. 方法

利用调用取表子程序，形成脉冲，驱动步进电机正转、反转。

2. 程序流程

驱动步进电动机的设计程序流程如图 9-14 所示。

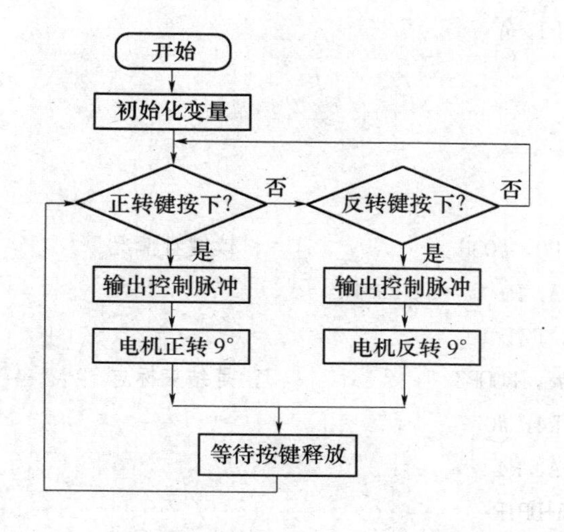

图 9-14 驱动步进电动机的设计程序流程

3. 源程序

```
ORG         00H
START:  MOV         DPTR，#TAB1
        MOV         R0，#03
        MOV         R4，#0
        MOV         P1，#3

WAIT:   MOV         P1，R0                ； 初始角度为 0°
        MOV         P0，#0FFH
        JNB     P0.0，POS                 ； 判断键盘状态
        JNB     P0.1，NEG
        SJMP    WAIT

JUST:   JB      P0.1，NEG                 ； 首次按键处理
POS:    MOV             A，R4             ； 正转 9°
        MOVC    A，@A+DPTR
        MOV             P1，A
```

```
        ACALL   DELAY
        INC     R4
        AJMP    KEY
NEG:    MOV         R4，#6              ; 反转9°
        MOV         A，R4
        MOVC    A，@A+DPTR
        MOV         P1，A
        ACALL   DELAY
        AJMP    KEY


KEY:    MOV         P0，#03H            ; 读键盘情况
        MOV         A，P1
        JB      P0.0，FZ1
        CJNE    R4，#8，LOOPZ           ; 是结束标志
        MOV         R4，#0
LOOPZ:  MOV         A，R4
        MOVC    A，@A+DPTR
        MOV         P1，A               ; 输出控制脉冲
        ACALL   DELAY                   ; 程序延时
        INC     R4                      ; 地址加1
        AJMP    KEY
FZ1: JB      P0.1，KEY
        CJNE    R4，#255，LOOPF         ; 是结束标志
        MOV         R4，#7
LOOPF:  DEC         R4
        MOV         A，R4
        MOVC    A，@A+DPTR
        MOV         P1，A               ; 输出控制脉冲
        ACALL   DELAY                   ; 程序延时
        AJMP    KEY

DELAY:  MOV         R6，#5
DD1:    MOV         R5，#080H
DD2:    MOV         R7，#0
DD3:    DJNZ    R7，DD3
        DJNZ    R5，DD2
```

```
        DJNZ    R6，DD1
        RET
TAB1:   DB          02H，06H，04H，0CH
        DB          08H，09H，01H，03H；正转模型资料
        END
```

9.7.3 调试与仿真

(1) 打开 Keil μVision3，新建 Keil 项目，选择 AT89C51 单片机作 CPU，新建汇编源文件，编写程序，并将其导入到“Source Group 1”中。在“Options for Target”对话框中，选中“Output”选项卡中的“Create HEX File”选项和“Debug”选项卡中的“Use：Proteus VSM Simulator”选项。编译汇编源程序，改正程序中的错误。

(2) 在 Proteus ISIS 中选中 AT89C51 并单击鼠标左键，打开“Edit Component”对话框，设置单片机晶振频率为 12MHz，在此对话框中的“Program File”栏中，选择之前用 Keil 生成的.HEX 文件。在 Proteus ISIS 菜单栏中选择“File”→“Save Design”选项，保存设计。在 Proteus ISIS 菜单栏中，打开“Debug”下拉菜单，在菜单中选中“Use Remote Debug Monitor”选项，以支持与 Keil 的联合调试。

(3) 在 Keil 的菜单栏中选择“Debug” →“Start/Stop Debug Session”选项，或者直接单击工具栏中的“Debug > Start/stop Debug Session”图标，进入程序调试环境。按 F5 键，顺序运行程序。调出“Proteus ISIS”界面，按“正转”和“反转”按键，观察步进电机的状态。

9.8 单片机间的多机通信的设计

功能要求：在 3 个单片机间进行“1 主 2 从”多机通信，主机可以将其数码管显示的内容发给每个从机，也可以采集每个从机数码管显示的数值并求和后显示出来，每个单片机的数码管显示值可以通过外接的按键进行设置。

9.8.1 硬件设计

打开 Proteus ISIS 编辑环境，按表 9-10 所列的元件清单添加元件。

表 9-10 元件清单

元件名称	所属类	所属子类
AT89C51	Microprocessor ICs	8051 Family
CAP	Capacitors	Generic
CAP-ELEC	Capacitors	Generic
CRYSTAL	Miscellaneous	—

(续)

元 件 名 称	所 属 类	所 属 子 类
RES	Resistors	Generic
7SEG-BCD-GRN	Optoelectronics	7-Segment Displays
BUTTON	Switches & Relays	Switches

元件全部添加后，在 Proteus ISIS 编辑区域中按图 9-15 所示的原理图连接硬件电路。

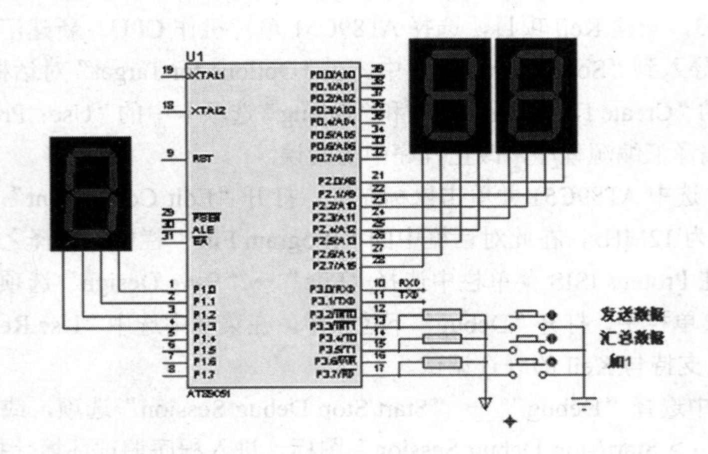

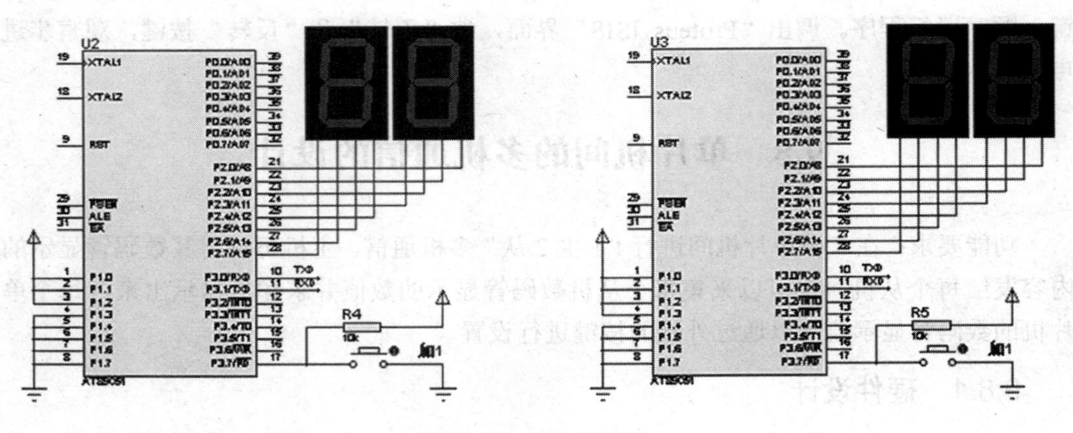

图 9-15　电路原理图

9.8.2　程序设计

1. 方法

本例中，主机和从机的串口工作方式都采用查询方式，波特率定为 9600Hz。两个从机的地址均由其 P1 口的输入状态确定。

2. 程序流程

单片机间的多机通信的设计程序流程如图 9-16 所示。

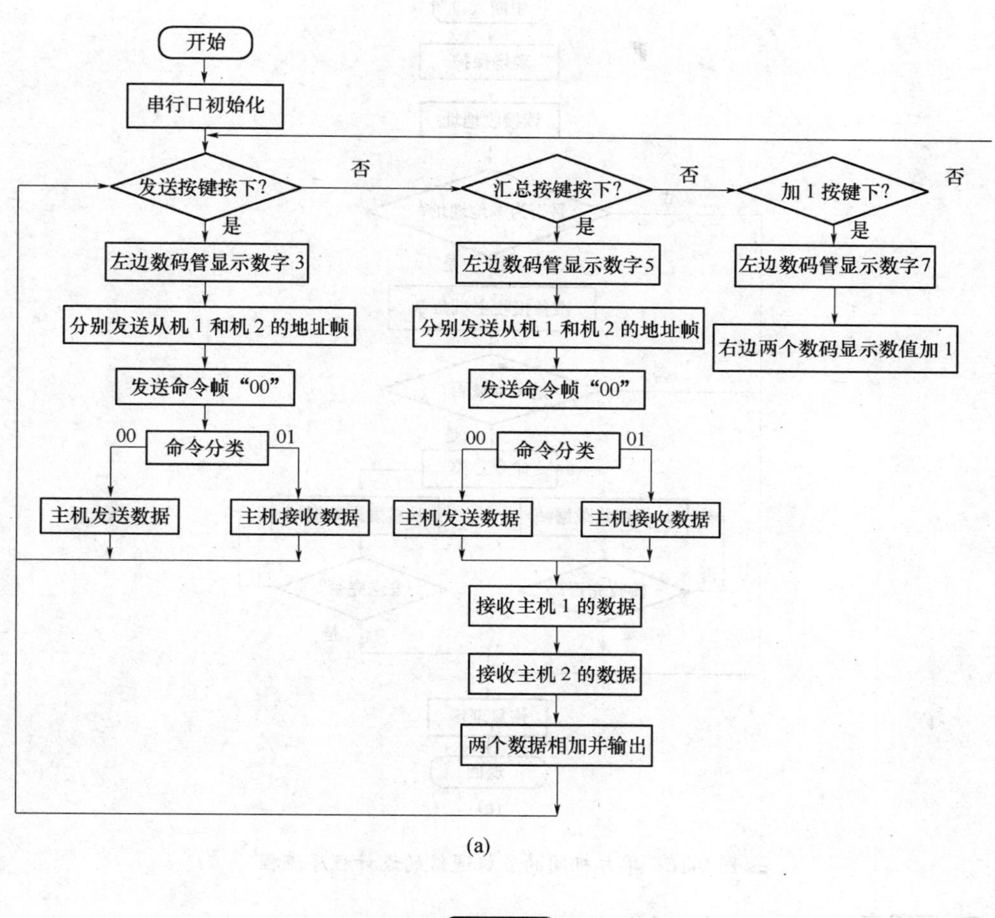
开始
串行口初始化
发送按键按下?
否
是
左边数码管显示数字 3
分别发送从机 1 和机 2 的地址帧
发送命令帧“00”
命令分类
00
01
主机发送数据
主机接收数据
汇总按键按下?
否
是
左边数码管显示数字 5
分别发送从机 1 和机 2 的地址帧
发送命令帧“00”
命令分类
00
01
主机发送数据
主机接收数据
接收主机 1 的数据
接收主机 2 的数据
两个数据相加并输出
加 1 按键下?
否
是
左边数码管显示数字 7
右边两个数码显示数值加 1

(a)

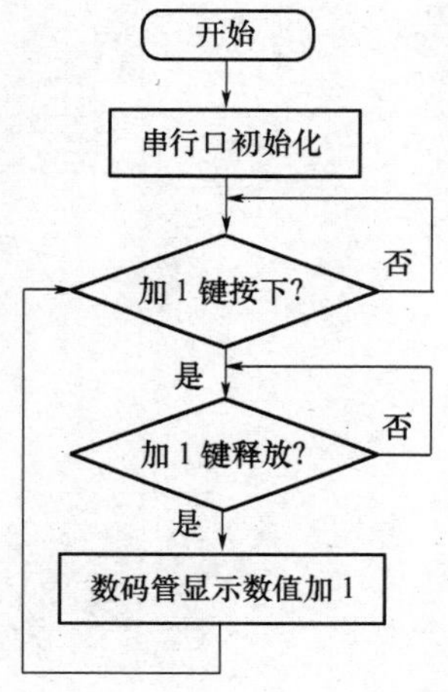
开始
串行口初始化
加 1 键按下?
否
是
加 1 键释放?
否
是
数码管显示数值加 1

(b)

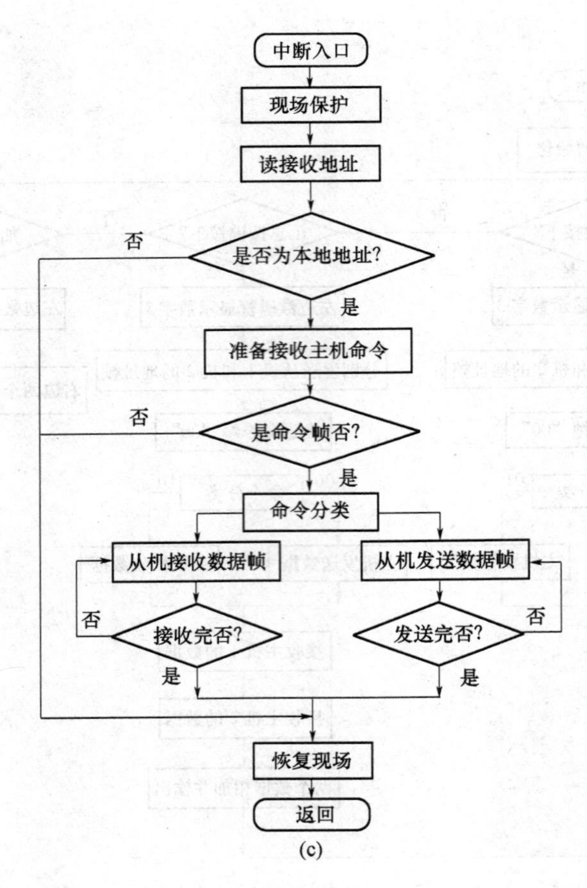

图 9-16 单片机间的多机通信的设计程序流程

3. 源程序

1) 主机部分

```
ORG     00H
        AJMP    MAIN
        ORG     30H
MAIN:       MOV     SP, #60H
        MOV     TMOD, #20H
        MOV     TH1, #0FDH
        MOV     TL1, #0FDH

        MOV     SCON, #0D8H
        MOV     PCON, #0
        SETB    TR1
```

```
        MOV     R5, #00H
        MOV     P1, #00H

LOOP:       MOV P2, R5
        MOV     A, #0FFH
        MOV     P3, A
        JNB  P3.3, PRESTX
        JNB  P3.5, PRESRX
        JNB  P3.7, JIAYI
        AJMP     LOOP

PRESTX:         JNB  P3.3, $
        MOV     P1, #03H
        MOV     R3, #00H                ; 接收命令送 R3
        MOV     R2, #07H                ; 从机 1 的地址送 R2
        CALL    MSIO1
        NOP
        NOP
        NOP
        MOV     R2, #0FH            ; 从机 2 的地址送 R2
        CALL    MSIO1
        AJMP    LOOP

PRESRX:         JNB  P3.5, $
        MOV     P1, #5H
        MOV     R3, #01H            ; 发送命令送 R3
        MOV     R2, #7H             ; 从机 1 的地址送 R2
        CALL    MSIO1
        NOP
        NOP
        NOP
        MOV     A, R5
        MOV     R4, A
        MOV     R2, #0FH            ; 从机 2 的地址送 R2
        CALL    MSIO1
        MOV     A, R4
```

```
        ADD     A, R5
        DA      A
        MOV     R5, A
        AJMP    LOOP

JIAYI:          JNB  P3.7, $
        MOV     P1, #7H
        INC  R5
        CLR  A
        ADD     A, R5
        DA   A
        MOV     R5, A
        AJMP    LOOP


MSIO1:      SETB TB8
        MOV     A, R2
        MOV     SBUF, A
        JNB  TI, $
        CLR  TI
        CLR  TB8
        MOV     A, R3
        MOV     SBUF, A
        JNB  TI, $
        CLR  TI
        CJNE    A, #00H, SRX
STX:        CLRTB8
        MOV     A, R5
        MOV     SBUF, A
        JNB  TI, $
        CLR  TI
        RET

SRX:        JNBRI, $
        CLRRI
        MOV     A, SBUF
```

```
        MOV     R5, A
        RET
        END
```

2) 从机部分

```
SLAVE       EQU     30H
        ORG     00H
        AJMP    MAIN
        ORG     23H
        LJMP    SSIO

        ORG     30H
MAIN:       MOV     SP, #60H
        MOV     TMOD, #20H
        MOV     TH1, #0FDH
        MOV     TL1, #0FDH
        SETB    EA                  ; 串行口开中断
        SETB    ES
        MOV     SCON, #0D8H
        MOV     PCON, #0
        SETB    TR1
        SETB    SM2

        MOV     A, #0FFH
        MOV     P1, A
        MOV     A, P1
        MOV     SLAVE, A
        MOV     R5, #00H
DISPLAY:    MOV     P2, R5
        SETB    P3.7
        JB  P3.7, $
        JNB P3.7, $
        INC R5
        AJMP    DISPLAY

SSIO:       CLR RI
        CLR ES
```

```
        PUSH      ACC
        PUSH      PSW
        SETB      RS1
        CLRRS0

        MOV       A, SBUF
        XRL       A, SLAVE
        JZ   SSI01

RETURN:           POPPSW
        POPACC
        SETB      ES
        SETB      SM2
        RETI

SSI01:       CLRSM2
        JNBRI, $
        CLRRI

SSI02:       MOV       A, SBUF
        CJNE      A, #00H, STX
SRX:         JNBRI, $                    ; 接收数据
        CLR       RI
        MOV       A, SBUF
        MOV       R5, A
        AJMP      RETURN
STX:         MOV       A, R5
        MOV       SBUF, A
        JNBTI, $
        CLRTI
        AJMP      RETURN

        END
```

9.8.3 调试与仿真

(1) 打开 Keil μVision3，新建 Keil 项目，选择 AT89C51 单片机作 CPU，新建汇编源文件，编写程序，并将其导入到“Source Group 1”中。在“Options for Target”对话框中，

选中“Output”选项卡中的“Create HEX File”选项和“Debug”选项卡中的“Use：Proteus VSM Simulator”选项。编译汇编源程序，改正程序中的错误。

(2) 在 Proteus ISIS 中选中 AT89C51 并单击鼠标左键，打开“Edit Component”对话框，设置单片机晶振频率为 12MHz，在此对话框中的“Program File”栏中，选择之前用 Keil 生成的.HEX 文件。在 Proteus ISIS 菜单栏中选择“File”→“Save Design”选项，保存设计。在 Proteus ISIS 菜单栏中，打开“Debug”下拉菜单，在菜单中选中“Use Remote Debug Monitor”选项，以支持与 Keil 的联合调试。

(3) 在 Keil 的菜单栏中选择“Debug” →“Start/Stop Debug Session”选项，或者直接单击工具栏中的“Debug > Start/stop Debug Session”图标，进入程序调试环境。按 F5 键，顺序运行程序。调出“Proteus ISIS”界面。

主机操作如下：

(1) 每按下“加 1”键，数码管显示值加 1，对应左边的数码管显示“7”。

(2) 每按下“加 1”键，主机数码管显示值变为从机 1 的显示值+从机 2 的显示值之和，对应左边的数码管显示“5”。

(3) 每按下“发送数据”键，各从机的数码管显示值均变为主机数码管所显示的数值，对应左边的数码管显示“3”。

从机操作如下：

(1) 每按下“加 1”键，数码管显示值加 1。

(2) 运行中的数码管显示值随主机操作而发生变化。

9.9　水温控制系统的设计

功能要求：利用单片机、DS18B20 温度传感器来对水温进行控制，当水温低于预设温度值时系统开始加热(用点亮红色发光二极管表示加热状态)，当水温达到预设温度值时自动停止加热。预设温度值和实测温度值分别由两个 3 位数码管显示，范围为 0～99℃。

9.9.1　硬件设计

打开 Proteus ISIS 编辑环境，按表 9-11 所列的元件清单添加元件。

表 9-11　元件清单

元件名称	所属类	所属子类
AT89C51	Microprocessor ICs	8051 Family
CAP	Capacitors	Generic
CAP-ELEC	Capacitors	Generic
CRYSTAL	Miscellaneous	—
RES	Resistors	Generic

(续)

元 件 名 称	所 属 类	所 属 子 类
7SEG-MPX4-CA-BLUE	Optoelectronics	7-Segment Displays
DS18B20	Data Converters	A/D Converters
BUTTON	Switches & Relays	Switches
74HC245	TTL 74HC Series	Tansceivers
OPTOCOUPLERS-NAND	Optoelectronics	Optocouplers
LED-RED	Optoelectronics	Leds
NOT	Simulator	Gates

元件全部添加后，在 Proteus ISIS 编辑区域中按图 4-17 所示的原理图连接硬件电路。

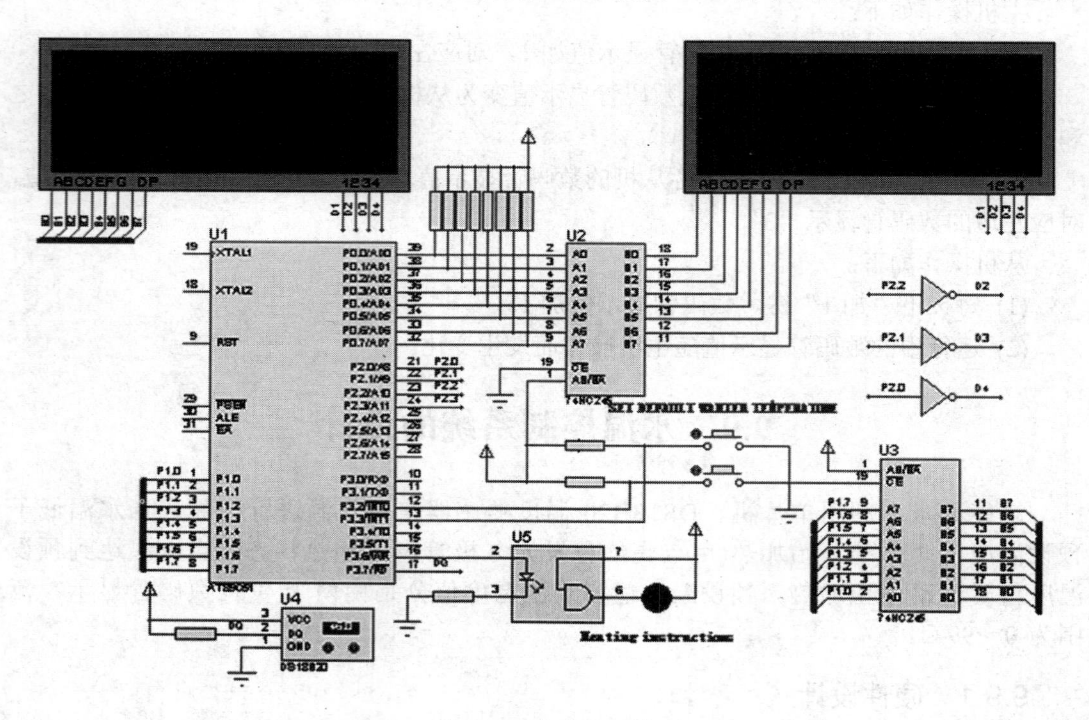

图 9-17　电路原理图

9.9.2　程序设计

1. 方法

本程序由一个主程序和两个中断($\overline{\text{INT0}}$、$\overline{\text{INT1}}$)服务子程序组成。主程序完成初始化 DS18B20、检测温度、温度值的读取与存放、转换以及显示功能；两个中断(INT0、INT1)服务子程序分别实现值的计数、保护现场等功能。

2. 程序流程

水温控制系统的设计程序流程如图 9-18 所示。

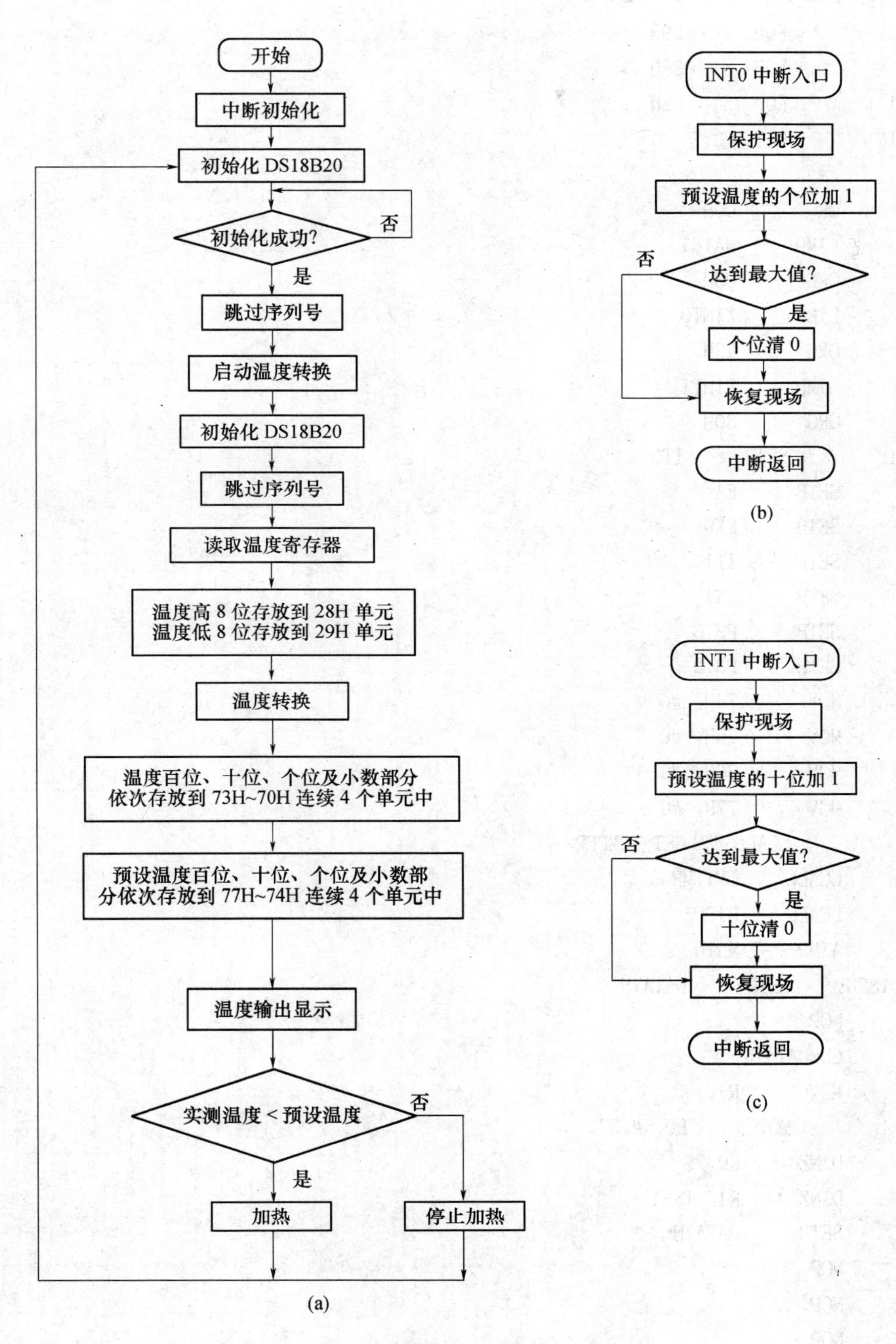

图 9-18　水温控制系统的设计程序流程

3. 源程序

```
TMPL        EQU      29H
TMPH        EQU      28H
FLAG1       EQU      38H
DATAIN      BIT P3.7

       ORG       00H
       LJMP      MAIN1
       ORG       03H
       LJMP      ZINT0
       ORG       13H
       LJMP      ZINT1
       ORG       30H
MAIN1:      SETB      IT0
       SETB      EA
       SETB      EX0
       SETB      IT1
       SETB      EX1
       SETB      P3.6
       SETB      P3.2
       MOV       74H, #0
       MOV       75H, #0
       MOV       76H, #9
       MOV       77H, #0
MAIN:       LCALL     GET_TEMPER
       LCALL     CVTTMP
       LCALL     DISP1
       AJMP      MAIN
INIT_1820:  SETB      DATAIN
       NOP
       CLRDATAIN
       MOV       R1, #3
TSR1:       MOV       R0, #107
       DJNZ      R0, $
       DJNZ      R1, TSR1
       SETB      DATAIN
       NOP
       NOP
       NOP
       MOV       R0, #25H
```

```
TSR2:       JNB DATAIN, TSR3
        DJNZ    R0, TSR2
        CLRFLAG1
        SJMP    TSR7
TSR3:       SETB    FLAG1
        CLR P1.7
        MOV     R0, #117
TSR6:       DJNZ    R0, $
TSR7:       SETB    DATAIN
        RET

GET_TEMPER:  SETB    DATAIN
        LCALL   INIT_1820
        JB  FLAG1, TSS2
        NOP
        RET

TSS2:       MOV     A, #0CCH
        LCALL   WRITE_1820
        MOV     A, #44H
        LCALL   WRITE_1820
        ACALL   DISP1
        LCALL   INIT_1820
        MOV     A, #0CCH
        LCALL   WRITE_1820
        MOV     A, #0BEH
        LCALL   WRITE_1820
        LCALL   READ_1820
        RET

WRITE_1820:  MOV     R2, #8
        CLRC
WR1:        CLRDATAIN
        MOV     R3, #6
        DJNZ    R3, $
        RRC     A
        MOV     DATAIN, C
        MOV     R3, #23
        DJNZ    R3, $
        SETB    DATAIN
```

```
        NOP
        DJNZ      R2, WR1
        SETB      DATAIN
        RET

READ_1820:    MOV       R4, #2
        MOV       R1, #29H
RE00:         MOV       R2, #8
RE01:         CLRC
        SETB      DATAIN
        NOP
        NOP
        CLRDATAIN
        NOP
        NOP
        NOP
        SETB      DATAIN
        MOV       R3, #9
RE10:         DJNZ      R3, RE10
        MOV C,    DATAIN
        MOV       R3, #23
RE20:         DJNZ      R3, RE20
        RRC       A
        DJNZ      R2, RE01
        MOV       @R1, A
        DEC       R1
        DJNZ      R4, RE00
        RET

CVTTMP:       MOV       A, TMPH
        ANL       A, #80H
        JZ   TMPC1
        CLRC
        MOV       A, TMPL
        CPLA
        ADD       A, #1
        MOV       TMPL, A
        MOV       A, TMPH
        CPLA
        ADDC      A, #0
```

```
        MOV      TMPH, A
        MOV      73H, #0BH
        SJMP     TMPC11
TMPC1:      MOV      73H, #0AH
TMPC11:     MOV      A, TMPL
        ANL      A, #0FH
        MOV      DPTR, #TMPTAB
        MOVC     A, @A+DPTR
        MOV      70H, A
        MOV      A, TMPL
        ANL      A, #0F0H
        SWAP     A
        MOV      TMPL, A
        MOV      A, TMPH
        ANL      A, #0FH
        SWAP     A
        ORL      A, TMPL
H2BCD:      MOV      B, #100
        DIV  AB
        JZ   B2BCD1
        MOV      73H, A
B2BCD1:     MOV      A, #10
        XCH      A, B
        DIVAB
        MOV      72H, A
        MOV      71H, B
TMPC12:          NOP
DISBCD:     MOV      A, 73H
        ANL      A, #0FH
        CJNE     A, #1, DISBCD0
        SJMP     DISBCD1
DISBCD0:    MOV      A, 72H
        ANL      A, #0FH
        JNZ  DISBCD1
        MOV      A, 73H
        MOV      72H, A
        MOV      73H, #0AH
DISBCD1:    RET
TMPTAB:          DB  0, 1, 1, 2, 3, 3, 4, 4, 5, 6, 6, 7, 8, 8, 9, 9
DISP1:      MOV      R1, #70H
```

```
        MOV     R0, #74H
        MOV     R5, #0FEH
PLAY:       MOV     P1, #0FFH
        MOV     A, R5
        MOV     P2, A
        MOV     A, @R1
        MOV     DPTR, #TAB
        MOVC    A, @A+DPTR
        MOV     P1, A
        MOV     A, @R0
        MOVC    A, @A+DPTR
        MOV     P0, A
        MOV     A, R5
        JB  ACC.1, LOOP1
        CLR P1.7
        CLR P0.7
LOOP1:      LCALL   DL1MS
        INC R1
        INC R0
        MOV     A, R5
        JNB ACC.3, ENDOUT
        RL      A
        MOV     R5, A
        MOV     A, 73H
        CJNE    A, #1, DD2
        SJMP    LEDH
DD2:        MOV     A, 72H
        CJNE    A, #0AH, DD3
        MOV     72H, #0
DD3:        MOV     A, 76H
        CJNE    A, 72H, DDH
        SJMP    DDL
DDH:        JNC PLAY1
        SJMP    LEDH
DDL:        MOV     A, 75H
        CJNE    A, 71H, DDL1
        SJMP    LEDH
DDL1:       JNC PLAY1
LEDH:       CLR P3.6
        SJMP    PLAY
```

```
PLAY1:      SETB     P3.6
    SJMP    PLAY

ENDOUT:     MOV      P1, #0FFH
    MOV     P2, #0FFH
    RET

TAB:        DB   0C0H, 0F9H, 0A4H, 0B0H, 99H
    DB   92H, 82H, 0F8H, 80H, 90H, 0FFH, 0BFH

DL1MS:      MOV      R6, #50
DL1:        MOV      R7, #100
    DJNZ    R7, $
    DJNZ    R6, DL1
    RET
ZINT0:      PUSH     ACC
    INC     75H
    MOV     A, 75H
    CJNE    A, #10, ZINT01
    MOV     75H, #0
ZINT01:     POPACC
    RETI

ZINT1:      PUSH     ACC
    INC     76H
    MOV     A, 76H
    CJNE    A, #10, ZINT11
    MOV     76H, #0
ZINT11:     POPACC
    RETI

ZZZ1:       MOV      DPTR, #TAB
    MOVC    A, @A+DPTR
    MOV     P0, A
    RETI
    END
```

9.9.3　调试与仿真

(1) 打开 Keil μVision3，新建 Keil 项目，选择 AT89C51 单片机作 CPU，新建汇编源

文件，编写程序，并将其导入到“Source Group 1”中。在“Options for Target”对话框中，选中“Output”选项卡中的“Create HEX File”选项和“Debug”选项卡中的“Use：Proteus VSM Simulator”选项。编译汇编源程序，改正程序中的错误。

(2) 在 Proteus ISIS 中选中 AT89C51 并单击鼠标左键，打开“Edit Component”对话框，设置单片机晶振频率为 12MHz，在此对话框中的“Program File”栏中，选择之前用 Keil 生成的.HEX 文件。在 Proteus ISIS 菜单栏中选择“File”→“Save Design”选项，保存设计。在 Proteus ISIS 菜单栏中，打开“Debug”下拉菜单，在菜单中选中“Use Remote Debug Monitor”选项，以支持与 Keil 的联合调试。

(3) 在 Keil 的菜单栏中选择“Debug” →“Start/Stop Debug Session”选项，或者直接单击工具栏中的“Debug > Start/stop Debug Session”图标，进入程序调试环境。按 F5 键，顺序运行程序。调出“Proteus ISIS”界面。分别调节十位设置按键和个位设置按键来预设水温，当 DS18B20 的温度低于预设温度值时，红色发光二极管点亮表示进入加热状态；调节 DS18B20 元件上的按钮可人工模拟实际水温的升高和下降。可以看到，当实际温度达到预设温度后，红色发光二极管便自动熄灭，表示停止加热。

9.10 水温 24×24 点阵 LED 汉字显示的设计

功能要求：实现 LED 点阵屏核心功能即汉字、数字、字母的多样化显示。

9.10.1 硬件设计

打开 Proteus ISIS 编辑环境，按表 9-12 所列的主要元件清单添加元件。

表 9-12 主要元件清单

元 件 名 称	所 属 类	所 属 子 类
AT89C51	Microprocessor ICs	8051 Family
CAP	Capacitors	Generic
CAP-ELEC	Capacitors	Generic
CRYSTAL	Miscellaneous	—
RES	Resistors	Generic
RESPACK8	Resistors	Resistor packs
BUTTON	Switches & Relays	Switches
74HC595	TTL 74HC Series	Tansceivers
74HC138	TTL 74HC Series	Tansceivers
24×24LED	Optoelectronics	Leds

元件全部添加后，在 Proteus ISIS 编辑区域中按图 9-19 所示的原理图连接硬件电路。

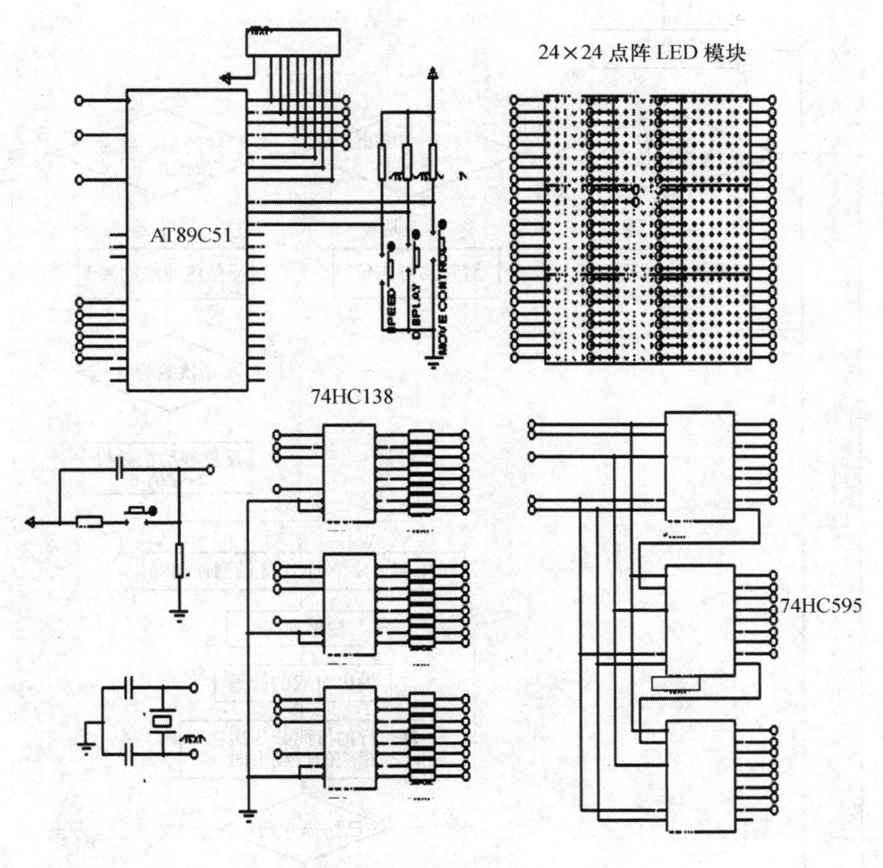

图 9-19 电路原理图

9.10.2 程序设计

1. 方法

本程序由主程序和清屏、查表、送数、循环扫描、延时几个子程序组成。在主程序中，使用了 DPTR 地址寄存器作为地址取码指针，通过查表将数据送至行线作为控制信号，而通过 74HC138 连接的列线作为扫描控制开关。DPTR 置数据表地址的基值，R2 作地址指针，以两者之和查找相应的数据。R2 的初值为 0，当 DPTR 为表首地址时，在子程序的循环中 R2 从 0 加到 3，取出显示一列字符的全部字节并与列扫描配合逐列显示，完成一帧扫描的全部操作。为保证第一屏能移动显示，设计中将第一屏用了 0 数据，开始以黑屏显示完成全部的扫描显示。对同一帧的反复扫描次数 R5 的设定，决定了显示移动的速度。另外，延时程序延时时间要设置好，否则会有闪烁感。

2. 程序流程

水温 24×24 点阵 LED 汉字显示的设计如图 9-20 所示。

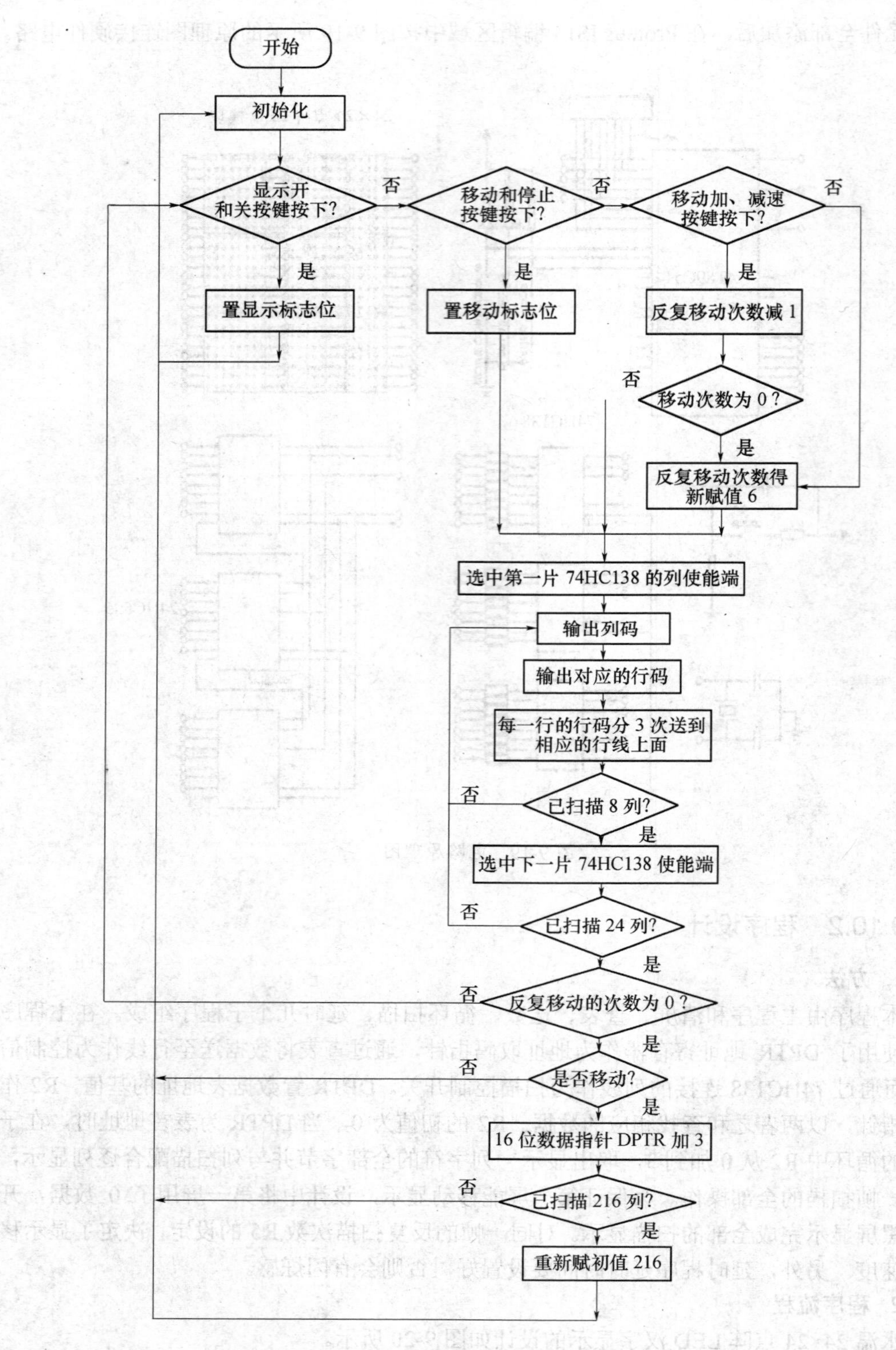

图 9-20　水温 24×24 点阵 LED 汉字显示的设计

3. 源程序

```
/*****************************************************
标题: 基于单片机的24×24点阵LED汉字显示
作者: AA
硬件: 51系列单片机, 74HC138, 74HC595, 8*8点阵屏, 按键
*****************************************************/
/*********74HC595管脚定义***************/
SH_CP bit P0.0                     //移位寄存器时钟输入
ST_CP bit P0.1                     //存储寄存器时钟输入
DDS   bit P0.2                     //串行数据输入
MR    bit P0.3                     //主复位(低电平)
OE    bit P0.4                     //使能
/************74hc138**************/
E1    bit P1.3                     //1~8列控制使能
E2    bit P1.4                     //9~16列控制使能
E3    bit P1.5                     //17~24列控制使能
/************按键***********/
KEY1  bit P2.0                     //控制移动和停止
KEY2  bit P2.1                     //控制显示的开和关
KEY3  bit P2.2                     //移动速度加/减

        ORG      0000H
        AJMP     MAIN

        ORG      0030H
MAIN:    MOV    55H, #06
        MOV       SP, #64H
MAIN3:  MOV       DPTR, #TAB
         CLR    MR                  //主复位(低电平)
         CLR    ST_CP               //存储寄存器时钟输入
         NOP
         SETB   ST_CP
         SETB   MR
        CLR    OE
         MOV       R4, #216         //显示9字, 每字左移24列, 共216列
MAIN1:  CLR       E1
         CLR    E2
         CLR    E3
```

```
        MOV     R5, 55H              //反复显示 可改变移动速度
MAIN2:  JB      KEY2, S_STOP
        JNB     KEY2, $              //等待按键释放
        CPL     0EH                  //显示开/关控制标志位
S_STOP: JB      0EH, MAIN1
        JB      KEY1, JIAN
        JNB     KEY1, $
        CPL     0FH                  //移动控制的标志位
JIAN:   JB      KEY3, Q_OUT
        JNB     KEY3, $
        DEC     55H
        MOV     R5, 55H
        CJNE    R5, #0, Q_OUT
        MOV     55H, #06

Q_OUT:  MOV     R2, #0               //取码指针
        MOV     R1, #0               //列控制码
PANT:   MOV     54H, #03
        MOV     53H, #08
GG:     MOV     50H, #08
FF:     MOV     A, R1
        ANL     A, #07H              //屏蔽 R1 高 5 位
        MOV     P1, A
        INC     R1
        ACALL   GC
        MOV     A, 53H               //控制 74LS138 片选
        ORL     P1, A                //74LS138 使能
        ACALL   MS
        DJNZ    50H, FF              //8 列未扫描完返回
        MOV     A, 53H
        RL      A
        MOV     53H, A
        DJNZ    54H, GG              //24 列为扫完返回
        DJNZ    R5, MAIN2            //反复 6 次未完，继续显示
        JB      0FH, M_STOP
        INC     DPTR
        INC     DPTR
        INC     DPTR                 //改变 TAB 地址实现文字移动现象
```

```
        DJNZ        R4, MAIN1
        AJMP        MAIN3
M_STOP: AJMP        MAIN1
GC:     SETB        MR                  //
        SETB        OE                  //管脚呈现高阻态
        MOV         51H, #03            //传送三位字节
AAA:    MOV         A, R2
        MOVC        A, @A+DPTR          //取当前列第1个字节
        MOV         R3, #8              //位传送到74HC595
AA:     RLC         A
        MOV         DDS, C
        CLR         SH_CP
        NOP
        SETB        SH_CP
        DJNZ        R3, AA              //8位未传送完，继续
        CLR         ST_CP
        NOP
        SETB        ST_CP
        INC         R2                  //取码指针加1
        DJNZ        51H, AAA
        CLR         OE                  //把数据传送到管脚
        RET

MS:     MOV         R6, #5              //ms延时子程序
DELAY:  MOV         R7, #190
        DJNZ R7, $
        DJNZ R6, DELAY
        RET

TAB:

DB
00H,00H,00H,00H,00H,00H,00H,00H,00H,00H,00H,00H,00H,00H,00H,00H,00H,00H,00H,00H,00H,00H,
00H,00H;
DB 00H,00H,00H,00H,00H,00H,00H,00H,00H,00H,00H,00H; " ",0
DB
00H,00H,00H,00H,00H,00H,00H,00H,00H,00H,00H,00H,00H,00H,00H,00H,00H,00H,00H,00H,00H,00H,
```

```
00H,00H;
DB 00H,00H,00H,00H,00H,00H,00H,00H,00H,00H,00H,00H; “ ” ,0
DB
00H,00H,00H,80H,03H,1CH,0C0H,03H,1EH,60H,03H,1BH,20H,80H,19H,20H,0C0H,18H,20H,60H,18H,60H
,38H,18H;
DB 0E0H,3FH,18H,0C0H,1FH,1FH,80H,07H,1FH,00H,00H,00H; “2” ,1

DB
00H,00H,00H,00H,0C0H,00H,00H,0F0H,00H,00H,0B8H,00H,00H,8EH,00H,00H,87H,10H,0C0H,81H,10H,
0E0H,0FFH,1FH;
DB 0F0H,0FFH,1FH,0F0H,0FFH,1FH,00H,80H,10H,00H,80H,10H; “4” ,1

DB 00H,00H,00H,00H,42H,00H,00H,66H,00H,00H,66H,00H,00H,7EH,00H,00H,3CH,00H,0C0H,0FFH,03H,
0C0H,0FFH,03H;
DB 00H,3CH,00H,00H,7EH,00H,00H,66H,00H,00H,66H,00H; “*” ,2

DB
00H,00H,00H,80H,03H,1CH,0C0H,03H,1EH,60H,03H,1BH,20H,80H,19H,20H,0C0H,18H,20H,60H,18H,60H
,38H,18H;
DB 0E0H,3FH,18H,0C0H,1FH,1FH,80H,07H,1FH,00H,00H,00H; “2” ,2

DB
00H,00H,00H,00H,0C0H,00H,00H,0F0H,00H,00H,0B8H,00H,00H,8EH,00H,00H,87H,10H,0C0H,81H,10H,
0E0H,0FFH,1FH;
DB 0F0H,0FFH,1FH,0F0H,0FFH,1FH,00H,80H,10H,00H,80H,10H; “4” ,3

DB
00H,00H,00H,00H,00H,00H,00H,00H,40H,00H,00H,60H,00H,00H,78H,00H,00H,38H,00H,0FEH,01H,00H,
0FEH,01H;
DB
00H,84H,04H,00H,84H,1CH,00H,84H,38H,0FCH,87H,30H,0FCH,87H,00H,24H,84H,04H,20H,84H,1CH,20H
,84H,38H;
DB
20H,84H,30H,20H,0FEH,01H,20H,0FEH,05H,30H,0FEH,0DH,30H,00H,38H,20H,00H,38H,00H,00H,20H,
00H,00H,00H; “点” ,4

DB
00H,00H,00H,00H,00H,00H,00H,00H,00H,0F8H,0FFH,7FH,0F8H,0FFH,7FH,08H,02H,01H,88H,07H,03H,0
```

```
F8H,8DH,03H;
DB
78H,0F8H,01H,38H,0F0H,03H,20H,10H,02H,20H,1EH,02H,0E0H,1FH,02H,0F8H,13H,02H,7CH,10H,02H,2
CH,0FFH,7FH;
DB
24H,0FFH,7FH,20H,11H,7EH,20H,10H,02H,20H,10H,02H,30H,18H,03H,30H,08H,01H,20H,00H,01H,00H,
00H,00H; "阵",5

DB
00H,00H,00H,00H,02H,00H,00H,02H,00H,00H,02H,00H,04H,02H,00H,3CH,0FEH,1FH,38H,0FEH,1FH,30H,
0EH,5CH;
DB
00H,0CH,46H,00H,06H,43H,00H,0FH,61H,0FCH,1BH,20H,0FCH,79H,30H,18H,0E8H,19H,08H,88H,0FH,
08H,08H,0EH;
DB
08H,88H,0FH,0FCH,0E9H,1BH,0FCH,0F9H,30H,00H,39H,30H,00H,09H,70H,00H,01H,60H,00H,01H,20H,
00H,00H,20H; "设",6

DB
00H,00H,00H,00H,04H,00H,00H,04H,00H,00H,04H,00H,04H,04H,00H,1CH,0FCH,3FH,38H,0FCH,3FH,38H
,04H,1CH;
DB 30H,00H,0EH,00H,04H,07H,00H,84H,01H,00H,84H,00H,00H,04H,00H,00H,04H,00H,0FCH,0FFH,7FH,
0FCH,0FFH,7FH;
DB
0FCH,0FFH,7FH,00H,04H,00H,00H,04H,00H,00H,04H,00H,00H,06H,00H,00H,02H,00H,00H,02H,00H,00H,
00H,00H; "计",7
DB
00H,00H,00H,00H,00H,00H,00H,00H,00H,00H,00H,00H,00H,00H,00H,00H,00H,00H,00H,00H,00H,00H,
00H,00H;
DB 00H,00H,00H,00H,00H,00H,00H,00H,00H,00H,00H,00H; " ",8
DB
00H,00H,00H,00H,00H,00H,00H,00H,00H,00H,00H,00H,00H,00H,00H,00H,00H,00H,00H,00H,00H,00H,
00H,00H;
DB 00H,00H,00H,00H,00H,00H,00H,00H,00H,00H,00H,00H; " ",8

/*DB
000h,00h,00h,00h,00h,00h,00h,00h,00h,00h,00h,00h,00h,00h,00h,00h,00h,00h,00h,00h,00h,00h,
00h,00h;
```

```
DB
000h,00h,00h,00h,00h,00h,00h,00h,00h,00h,00h,00h,00h,00h,00h,00h,00h,00h,00h,00h,00h,00h,
00h,00h;
DB
000h,00h,00h,00h,00h,00h,00h,00h,00h,00h,00h,00;  ,1

DB
000H,000H,000H,000H,000H,001H,000H,000H,001H,000H,000H,001H,040H,000H,001H,0C0H;
DB
007H,001H,084H,01FH,001H,09CH,01CH,001H,098H,092H,001H,0D8H,092H,000H,0C0H,0FFH;
DB
0FFH,0E0H,0FFH,0FFH,070H,092H,000H,05EH,09AH,000H,06EH,08CH,000H,0E6H,0CFH,000H;
DB
0E0H,0C3H,000H,0C0H,0C0H,000H,000H,0C0H,000H,000H,0C0H,000H,000H,080H,000H,000H;
DB
000H,000H,000H,000H,000H,000H,000H,000H; “单” ,2

DB
000H,000H,000H,000H,000H,000H,000H,000H,000H,000H,000H,010H,000H,000H,01CH,000H;
DB
000H,00EH,008H,0E0H,007H,0F8H,0FFH,001H,0F0H,03FH,000H,000H,022H,000H,000H,022H;
DB
000H,000H,023H,000H,006H,021H,000H,0FEH,0F1H,03FH,0FCH,0F1H,03FH,000H,0E1H,000H;
DB
000H,001H,000H,000H,001H,000H,000H,000H,000H,000H,000H,000H,000H,000H,000H,000H;
DB
000H,000H,000H,000H,000H,000H,000H,000H; “片” ,3

DB
000H,000H,004H,000H,002H,006H,000H,002H,003H,000H,0C2H,001H,000H,0F2H,000H,002H;
DB
03FH,018H,0FEH,0FFH,03FH,0FCH,0FFH,03FH,000H,031H,008H,000H,031H,00CH,000H,080H;
DB
007H,0C0H,0FFH,003H,0C0H,0FFH,000H,0C0H,000H,000H,040H,0FCH,000H,0C0H,0FFH,003H;
DB
0C0H,003H,007H,040H,000H,006H,000H,000H,004H,000H,000H,004H,000H,0C0H,007H,000H;
DB
0C0H,007H,000H,000H,004H,000H,000H,000H; “机” ,4
```

```
DB
000H,020H,000H,000H,030H,000H,000H,018H,000H,000H,00CH,000H,000H,007H,000H,0C0H;
DB
0FFH,03FH,0FCH,0FFH,03FH,07CH,000H,00CH,03CH,002H,006H,000H,002H,003H,000H,082H;
DB
001H,000H,0E2H,001H,008H,07AH,038H,018H,03FH,038H,038H,01FH,03CH,030H,091H,01FH;
DB
000H,0F1H,007H,080H,0F1H,000H,080H,021H,000H,080H,001H,000H,080H,001H,000H,000H;
DB
001H,000H,000H,000H,000H,000H,000H,000H; “仿” ,5

DB
000H,000H,000H,000H,000H,002H,000H,000H,006H,000H,000H,086H,000H,000H,0C2H,000H;
DB
000H,062H,000H,000H,072H,020H,0FFH,03BH,030H,0FFH,01FH,0D0H,057H,00FH,0FEH,05AH;
DB
001H,0BEH,04AH,001H,09EH,000H,005H,098H,0FFH,01DH,088H,0FFH,039H,088H,001H,079H;
DB
000H,000H,061H,000H,000H,001H,000H,000H,001H,000H,000H,001H,000H,000H,001H,000H;
DB
000H,000H,000H,000H,000H,000H,000H,000H; “真” ,6*/

END
```

9.10.3 调试与仿真

(1) 打开 Keil μVision3，新建 Keil 项目，选择 AT89C51 单片机作 CPU，新建汇编源文件，编写程序，并将其导入到“Source Group 1”中。在“Options for Target”对话框中，选中“Output”选项卡中的“Create HEX File”选项和“Debug”选项卡中的“Use：Proteus VSM Simulator”选项。编译汇编源程序，改正程序中的错误。

(2) 在 Proteus ISIS 中选中 AT89C51 并单击鼠标左键，打开“Edit Component”对话框，设置单片机晶振频率为 12MHz，在此对话框中的“Program File”栏中，选择之前用 Keil 生成的.HEX 文件。在 Proteus ISIS 菜单栏中选择“File”→“Save Design”选项，保存设计。在 Proteus ISIS 菜单栏中，打开“Debug”下拉菜单，在菜单中选中“Use Remote Debug Monitor”选项，以支持与 Keil 的联合调试。

(3) 在 Keil 的菜单栏中选择“Debug”→“Start/Stop Debug Session”选项，或者直接单击工具栏中的“Debug > Start/stop Debug Session”图标，进入程序调试环境。按 F5 键，顺序运行程序。调出“Proteus ISIS”界面，观察汉字显示情况。